本书由国家重点研发计划"固废资源化"专项"长江经济带典型城市多源污泥协同处置集成示范"项目 – 课题 5– 典型城市多源污泥协同处置集成示范与全过程管控平台开发应用专项提供资金资助（课题编号：2020YFC1908705）

污水及污泥管理（第 2 版）

Wastewater and Biosolids Management (Second Edition)

（英）阿尼斯·卡拉夫鲁齐奥蒂斯（Ioannis K. Kalavrouziotis） 编

颜莹莹 周小国 李巍 等 译

中国三峡出版传媒

中国三峡出版社

Wastewater and Biosolids Management (Second Edition)
Copyright © 2020 IWA Publishing
All rights reserved.
Simplified Chinese rights arranged through CA-LINK International LLC (www.ca-link.com)

版权贸易合同登记号 图字：01-2023-5258

图书在版编目（CIP）数据

污水及污泥管理：第2版 /（英）阿尼斯·卡拉夫鲁齐奥蒂斯(Ioannis K. Kalavrouziotis) 编；颜莹莹等译. —北京：中国三峡出版社，2023.12
书名原文: Wastewater and Biosolids Management(Second Edition)
ISBN 978-7-5206-0297-6

Ⅰ. ①污… Ⅱ. ①阿… ②颜… Ⅲ. ①污水处理 ②污泥处理 Ⅳ. ①X703

中国国家版本馆 CIP 数据核字（2023）第 237064 号

责任编辑：于军琴

中国三峡出版社出版发行
（北京市通州区粮市街2号院　101199）
电话：（010）59401514　59401529
http://media.ctg.com.cn
北京世纪恒宇印刷有限公司印刷　新华书店经销
2023 年 12 月第 1 版　2023 年 12 月第 1 次印刷
开本：787 毫米 ×1092 毫米 1/16　印张：14.75
字数：274千字
ISBN 978-7-5206-0297-6　定价：128.00元

主　译：颜莹莹　周小国　李　巍
副主译：张雨晨　丁一凡　彭梦文　胡祖康
从　译：程　俊　淦方茂　李　强　陈文然
　　　　邢振杰　赵高利　刘　煜　汪雨恬
　　　　陈雨柔　郭科赶

作者简介

阿尼斯·卡拉夫鲁齐奥蒂斯（Ioannis K. Kalavrouziotis）教授为希腊帕特拉斯大学地质学系环境地球化学博士，2015—2018年任英国德比大学访问学者，现任希腊开放大学科学与技术学院教授兼院长、废水管理硕士课程教育主任。

阿尼斯·卡拉夫鲁齐奥蒂斯教授于1993年担任希腊西部地区管理局局长，1988—2000年担任希腊农业部农学家，2000—2013年任教于西希腊大学（2013年被帕特雷大学合并）环境与自然资源管理系，2006—2009年担任梅索隆吉泻湖管理部门主席，同时也是国家农业研究基金会行政委员会成员，2019—2022年任湖北大学客座教授。他是国际水协会（International Water Association，IWA）的成员和IWA"水、废水与环境：传统与文化"研讨会主席，2014年在希腊的佩特雷市被任命为IWA古代文明水与废水专家组临时管理委员会成员，2020—2024年担任西希腊区域研究和创新区域理事会主席。他曾出版过5本专著，发表过106篇国际期刊论文、72篇国际会议论文、40篇希腊全国会议论文，有100多篇文章发表在期刊和报纸上。

序言一

《污水及污泥管理（第 2 版）》为研究人员、环境管理者、土木工程师提供了一些部分前沿信息，介绍了关于污水和污泥处理技术的最新进展及处理副产物（污泥、生物固体、沼气和尾水）的最佳管理实践经验，证明了在高效的管理下，这些副产物不仅能够作为宝贵的水、营养物质和能量的来源，而且能够用于农业生产、公园、球场等的灌溉，以及为再生能源提供燃料。

第 1 章为本书奠定了基础。公元前 6500 年，幼发拉底河畔的巴尔米亚古城出现最早的污水管理系统，自此以后，污水管理的基本过程（即传输、处理和处置）一直没有太大变化。作者以一个发人深省的反思作为结尾：早期的一些污水管理技术甚至比现代部分国家的更加复杂精妙。

第 2 章介绍了多种污水和污泥管理新技术的优点和进展，其中，磷回收技术的进步可能缓解未来磷矿及磷资源短缺的问题。此外，氮的去除和磷的回收可以减少水环境富营养化的风险，这些内容在第 2 章、3 章和第 11 章中均有介绍，相关技术包括厌氧氨氧化工艺（ANNAMMOX）、亚硝酸盐脱氮工艺（SHARON）、全自养脱氮工艺（CANON）、生物强化与内源性硝化菌结合工艺（BABE）、生物反应器和高级氧化工艺。第 5 章主要介绍了如何利用湿地减少药品和个人护理产品对环境的危害。

第 2 章、7 章、9 章、10 章和第 12 章讨论了污泥处理处置和生物固体的相关特性，其中，好氧堆肥和厌氧消化分别是第 9 章和第 10 章的重点内容。第 7 章和第 12 章介绍了生物固体中难以去除的微塑料和合成纤维。有意思的是，土壤中微塑料的存在正好证明生物固体已被应用于土地。

第 4 章、6 章、7 章、8 章、9 章和第 12 章介绍了处理过的污水、污泥和生物固体中的污染物可能对环境造成的各种影响，从介绍中可以知道污染物种类繁多，如盐、重金属、药品、个人护理产品、微塑料、病原体、杀虫剂和除草剂。这些章节从氮和磷的营养价值，到土壤和植物中重金属之间的相互作用，再到土壤中污染物迁移规律和植物对它们的吸收，都进行了讨论，说明土壤中污染物的迁移还有很多未解之谜，这对于确定污染物排放指标有很重要的参考价值。在社会对于污水处理副产物进行严格监管的要求下，监测方法和手段越来越受到重视，而且不断增加的人口对于污水回用的需求也将越来越大。

詹姆斯·奥斯特（James Oster） 教授
美国加州大学河滨分校
土壤及水资源名誉研究专家

序言二

水资源短缺和环境污染是 21 世纪全球变暖和极端气候大背景下的重大环境挑战。不断增长的人口和日益加快的城市化进程对水资源的可持续发展提出了新的要求,包括自然水资源的有效整合、新供应水源和污染防治。结合以上因素,污水处理和资源利用将有助于替代饮用水并逐步应用于各种场合,如农作物灌溉。如果处理得当,那么城市污水就是具有附加值的产品,而非对环境存在负面影响的废弃物。此外,污泥(生物固体)是污水处理过程中形成的副产物,由于其营养含量高,因此可作为土壤改良剂和化肥在农业中循环使用。污水和污泥的再生利用是节约资源、循环利用和可持续发展政策的重要体现。然而,城市污水中含有大量的新兴污染物,包括有机微污染物(如药品和个人护理产品,PPCPs)、重金属、激素、微塑料等,其中的许多物质对人类和其他生物健康有害。一些物质通过污水和污泥在环境中传播时,会被植物吸收并在食物链中累积。由此可见,污水和污泥的管理应该慎之又慎。对此需要制定科学的质量管控标准,并采取先进的技术手段使其满足这些标准。本书根据最新的科学研究和实践经验讨论了污水和污泥管理的各个方面,对综合技术、能源、可持续性等进行多方面考虑,可为专业人士和工程师进行工艺设计和应用提供重要指南。

阿舍·布伦纳(Asher Brenner) 教授
以色列内盖夫本·古里安大学

序言三

污水的管理和处理是人类发展历程中的重要一环。几千年前，人类发明了通过排放雨水和处理过的污水及粪便来避免洪涝和疾病的技术。然而，大部分技术随着历史的发展遗失在时间的长河中。到了现代社会，我们也试图通过各种方法解决随人口增长、气候变化、水源和食物短缺带来的各种问题。

近十年来，我们在污水处理和水质提升领域取得了令人瞩目的成绩，脱氮、除磷、除碳技术已得到大量研发和应用，环境水体质量得到显著提升。但是，处理过程中存在的能源消耗和污泥处理问题还需要进一步解决。未来，节能型技术（特别是在脱氮领域）将是研究的重要方向。

与此同时，很多事实表明，即使作出了努力，受纳水体依然没有达到良好的状态，导致这一现象的原因是过量的营养负荷（如磷）和未能达到环境质量标准的微污染物。通过污水系统排放的微塑料则是另一个需要考虑的问题。在许多国家，人们认识到即使是最先进的处理方法也不足以保护我们的水体，我们需要更先进的处理措施来减少微污染物和微塑料对环境的危害。

此外，污水和污泥管理也需要采取更加有效的能源利用方式和资源回收技术，促进水处理、固体废弃物处理处置等领域向可持续的资源管理方式转变。

气候变化同样与水处理密切相关，全球至少有四分之一的人生活在水资源短缺的地区，而且这个比例还在逐步上升。为了保障饮用水供应和农业灌溉用水，再生水利用技术显得越来越重要。

本书全面概述了污水和污泥管理中较前沿的研究领域，将污水处理与农业相结合，如解决水循环对环境的影响和植物对污染物的吸收等问题。本书可为污水和污泥管理领域的学者、专家和相关人员提供参考。

海德伦·斯坦梅茨（Heidrun Steinmetz） 教授
德国凯泽斯劳滕理工大学

前　言

世界上有许多以灌溉农业为粮食基本来源的国家和地区，但灌溉用水短缺问题日益严重。在这些地区，干旱和气候变化导致的水资源短缺问题越来越严重，寻找灌溉水源的替代品已成为许多国家的重要事项之一。

自古以来，污水就被广泛应用于农业生产，这也是那个年代最具有环境友好性的做法。直到现在，污水回用仍能满足部分作物生产所需灌溉用水的需求。但需要注意的是，由于污水中的有毒物质能通过植物吸收逐渐扩散到食物链和环境中，因此污水回用对农业的环境友好度显著降低。由于污水回用导致的多种污染物质（如重金属、有毒有机化合物、药物、杀虫剂、微塑料、农药及其他微污染物）持续扩散，因此陆地和海洋环境中已经能够检测出大量微污染物，人们只能投入大量资金提升污水水质，以使其达到安全使用标准。

在过去的 40 年里，世界上许多国家围绕污水回用进行了许多研究。例如，改进污水处理技术，提高污水处理标准，使得尾水能够达到安全健康的标准，研究如何解决陆地和海洋环境中的微污染物问题。这些污染物危害环境，并对人类和生物的健康构成潜在威胁。为了满足不断变化的监管要求，新的污水处理技术也在不断地涌现。正如许多专家、学者指出的那样，只有基于科学的污水和污泥回用才是安全的回用。本书有助于行业人士解决污水和污泥在农业中的资源化利用问题，包括污水处理厂处理尾水回用及生物固体在提高土壤肥力方面的应用。

本书包括以下内容：
- 早期污水管理；
- 污水处理新技术；
- 生物脱氧除磷及能量回收新工艺；
- 污水和污泥的资源能源化再生利用及环境影响控制；
- 利用人工湿地系统去除 PPCPs 的污水处理及管理；

- 污水和污泥在农业利用过程中的重金属交互作用；
- 处理过的污水和污泥中的微塑料和合成纤维；
- 污水回用：作物对新兴污染物的吸收；
- 污泥堆肥与土地利用；
- 市政污泥的厌氧消化及能量回收；
- 污水处理高级氧化工艺；
- 污水再利用和生物固体应用导致的有机微污染物；
- 决策支持系统在污水和生物固体安全再利用中的应用。

《污水及污泥管理（第2版）》附有学习指南，包括每章标题、学习目标、预期学习效果、核心概念、学习计划、原著参考文献和自我评估练习。

感谢所有为本书作出贡献的作者及匿名审稿人和詹姆斯·奥斯特（James Oster）教授，感谢库库拉基斯（Prodromos Koukoulakis）（MSc）的帮助，感谢詹姆斯·奥斯特教授（James Oster）（美国加州大学河滨分校）、阿舍·布伦纳（Asher Brenner）教授（以色列内盖夫本·古里安大学）和海德伦·斯坦梅茨（Heidrun Steinmetz）教授（德国凯泽斯劳滕理工大学），感谢他们为《污水及污泥管理（第2版）》所写的序言。最后，感谢IWA出版社的马克·哈蒙德（Mark Hammond）和尼尔·坎尼夫（Niall Cunniffe），感谢他们在本书编辑过程中提供的帮助和指导。

阿尼斯·卡拉夫鲁齐奥蒂斯（Ioannis K. Kalavrouziotis）
希腊开放大学
科学与技术学院教授兼院长

译者序

随着我国经济社会的快速发展，城镇污水处理规模日益增加，污泥产量也随之增加。据统计，2021 年，我国污水处理厂处理能力达到 2.1 亿 m³/d，污泥产量超过 6000 万 t（以含水率 80% 计），居于世界前列。但与之矛盾的是，我国的污水和污泥管理在资源化和低碳化方面存在诸多不足。我们可以借鉴国外在污水和污泥处理处置方面的管理经验。

《污水及污泥管理（第 2 版）》[Wastewater and Biosolids Management (Second Edition)]是一本非常好的系统性图书。本书回顾了污水和污泥管理的历史，立足当前，展望未来，阐述了污水和污泥资源化的理论和实践做法，并希望提高大众对污水和污泥再生利用及其在农业生产中应用的认识。本书一方面基于早期文献，另一方面基于最新的研究进展，介绍了污水和污泥管理的先进理念，其中很多研究内容仍有待付诸实践。本书将污水和污泥管理的理论知识和实践结合起来，非常适合科研人员、在校学生、设计师及运营人员阅读。

本书由长江生态环保集团有限公司组织翻译，由颜莹莹、周小国、李巍主译并统稿，副主译为张雨晨、丁一凡、彭梦文、胡祖康，参译为程俊、淦方茂、李强、陈文然、邢振杰、赵高利、刘煜、汪雨恬、陈雨柔、郭科赶。

由于时间仓促，加之译者水平有限，本书翻译内容难免有错误和不准确之处，敬请广大同行和读者批评指正。

颜莹莹　周小国
2023 年 10 月

目录

作者简介
序　言　一
序　言　二
序　言　三
前　　　言
译　者　序

第1章　早期污水管理 ··· 1
    1.1　概述 ··· 1
    1.2　中东与印度地区 ··· 2
    1.3　中国 ··· 4
    1.4　非洲地区 ··· 4
    1.5　地中海地区 ··· 5
    1.6　结论 ··· 8
    1.7　原著参考文献 ··· 8

第2章　污水处理新技术 ··· 13
    2.1　气候变化对污水处理的影响 ··· 14
    2.2　脱氮工艺 ··· 15
    2.3　磷回收工艺 ··· 18
    2.4　膜生物反应器(MBR)工艺 ··· 19
    2.5　高级氧化工艺（AOPs） ··· 21
    2.6　污泥处理处置工艺 ··· 22
    2.7　原著参考文献 ··· 23

污水及污泥管理（第 2 版）
Wastewater and Biosolids Management (Second Edition)

第 3 章 生物脱氮除磷及能量回收新工艺 ································· 25
3.1 概述 ·· 25
3.2 生物脱氮除磷工艺 ·· 26
3.3 厌氧消化工艺 ·· 34
3.4 结论 ·· 36
3.5 原著参考文献 ·· 36

第 4 章 污水和污泥的资源能源化再生利用及环境影响控制 ······ 41
4.1 概述 ·· 41
4.2 相关信息 ·· 42
4.3 资源化利用途径 ··· 43
4.4 沼气生产 ·· 43
4.5 MBR 膜生物反应器 ·· 44
4.6 沼气的主要成分 ··· 45
4.7 结论 ·· 45
4.8 单位转换 ·· 46
4.9 原著参考文献 ·· 46

第 5 章 利用人工湿地系统去除药品和个人护理产品的污水处理及管理 ·· 49
5.1 概述 ·· 49
5.2 人工湿地的设计和种类 ·· 49
5.3 利用人工湿地去除 PPCPs 的机制 ····································· 50
5.4 人工湿地对 PPCPs 的去除率 ··· 53
5.5 未来的问题及建议 ·· 57
5.6 致谢 ·· 58
5.7 原著参考文献 ·· 58

第 6 章 污水和污泥在农业利用过程中的重金属交互作用 ·········· 63
6.1 研究污水中各元素相互作用和生物固体农业利用的必要性 ··· 63

6.2		污水回用 ·····	64
6.3		土壤-植物系统中各元素相互作用 ·····	64
	6.3.1	元素相互作用的影响因素 ·····	66
	6.3.2	处理过的城市污水作用下各元素相互作用 ·····	67
	6.3.3	污水作用下土壤和植物中各元素相互作用 ·····	68
	6.3.4	通过各元素相互作用对元素贡献的量化 ·····	70
	6.3.5	元素相互作用阐明重金属对植物生长的促进作用 ·····	71
6.4		结论 ·····	71
6.5		原著参考文献 ·····	72

第7章 处理过的污水和污泥中的微塑料和合成纤维 ····· 75

7.1		环境中的微塑料和合成纤维 ·····	75
7.2		微塑料和合成纤维的定义 ·····	75
7.3		污水处理厂 ·····	76
	7.3.1	排水管网系统 ·····	77
	7.3.2	污水处理厂预处理 ·····	77
	7.3.3	污水处理厂沉淀池 ·····	78
	7.3.4	处理过的污水 ·····	78
	7.3.5	污泥 ·····	78
7.4		影响 ·····	78
7.5		案例研究 ·····	79
7.6		防治方案 ·····	81
7.7		污水处理厂是海滩微塑料的主要来源 ·····	82
7.8		结论 ·····	83
7.9		原著参考文献 ·····	83

第8章 污水回用：作物对新兴污染物的吸收 ····· 87

8.1		概述 ·····	87
8.2		影响新兴污染物吸收的关键物理化学因素 ·····	88
8.3		影响生物利用度的因素——污染物的生物可及性 ·····	89
	8.3.1	水质 ·····	89
	8.3.2	土壤性质 ·····	89

		8.3.3 气候	90
		8.3.4 灌溉技术	90
	8.4	作物中新兴污染物的去向	90
		8.4.1 吸收	91
		8.4.2 转移	92
		8.4.3 代谢	95
		8.4.4 累积	96
	8.5	人类健康和风险影响	97
	8.6	土壤改良方法	98
	8.7	结论和研究要点	99
	8.8	致谢	99
	8.9	原著参考文献	100

第9章 污泥堆肥与土地利用 — 105

9.1	概述	105
9.2	生物固体监管条例	105
9.3	生物固体的特性	107
9.4	生物固体的利用	108
9.5	堆肥	112
9.6	生物固体的影响评价	113
9.7	结论	114
9.8	原著参考文献	115

第10章 市政污泥的厌氧消化及能量回收 — 119

10.1	市政污泥的产生及特点	119
	10.1.1 初沉污泥	119
	10.1.2 生物污泥	120
	10.1.3 污泥的处理处置	120
10.2	市政污泥的厌氧消化工艺	120
10.3	多阶段和变温厌氧消化工艺	121
10.4	污泥预处理强化厌氧消化工艺	122
10.5	污泥及其他基质的协同厌氧消化工艺	123

10.6　沼液新型短程处理工艺在营养回收和低碳方面的应用… 124
　　10.7　原著参考文献 125

第11章　污水处理高级氧化工艺 129
　　11.1　概述 129
　　11.2　水基质的作用 130
　　11.3　工艺性能的提高 132
　　　　11.3.1　高级氧化技术耦合 132
　　　　11.3.2　如何提高选择性 134
　　　　11.3.3　新材料或改进材料 135
　　11.4　观点和建议 138
　　11.5　原著参考文献 138

第12章　污水再利用和生物固体应用导致的有机微污染物 141
　　12.1　概述 141
　　12.2　处理过的污水和生物固体中的有机微污染物 141
　　12.3　污水回用和生物固体应用过程中有机微污染物的归宿 144
　　12.4　有机微污染物对水生环境和陆地环境的威胁 146
　　12.5　处理过的污水和污泥中有机微污染物的监管框架 147
　　12.6　原著参考文献 148

第13章　决策支持系统在污水和生物固体安全再利用中的应用 155
　　13.1　概述 155
　　13.2　已开发的DSS 158
　　13.3　示例 159
　　　　13.3.1　高养分输入示例 159
　　　　13.3.2　低养分输入示例 162
　　　　13.3.3　示例研究结果 163
　　13.4　结论 165
　　13.5　原著参考文献 165

附录　配套学习指南 167

第1章

早期污水管理

1.1 概述

古代，污水管理是特定区域内技术发展的关键标志，在当今生活环境被视为文化和经济社会生活中关键性因素的情况下更是如此（Fardin et al., 2013）。当谈及污水管理时，人们脑海中浮现的是与城市生态和污水处理有关的悠久历史，以及其与社会、文化、传统相融合的过程（Lofrano & Brown, 2010）。在"污染稀释处理"的指导思想下，分散化处理曾经是污水处理的主导策略，但这种处理方式并不是保护环境和公众健康的最佳解决方式。遗憾的是，这种方式至今仍在许多国家中运用（Lofrano et al., 2008；Libralato et al., 2009；Lofrano et al., 2015）。人类在地球上已经居住了20多万年，其中大部分时间以狩猎采集为生，期间人口不断增加（Vuorinen, 2007, 2010）。最初，人口分布较为分散，人类产生的废物会回到土地并通过自然的方式分解循环。直到9000年至1万年以前，人们发现了种植农作物和驯养家禽的办法。一个新的时代在美索不达米亚北部山区开启了，农业革命从此处蔓延至希腊南部、西西里岛和欧洲其他地区，当然还有东部地区（如印度河流域）（Angelakis & Zheng, 2015）。由于生产和生活方式的改变，污染物开始大量增加，生态环境受到影响。

根据《摩西律法·卫生篇》，第一个先进文明社会诞生之前，人类排泄物通过挖洞掩埋的方式处理（Deuteronomy, Chapter 23）。但是随着社会发展，关于废弃物管理的思想逐渐进步。例如，世界上最古老的排水系统出现在公元前6500年新石器时代的叙利亚帕尔米拉古城和幼发拉底河之间的埃尔古城（El Kowm）（Cauvin et al., 1990）。但这只是个例，绝大多数文明古国没有系统的废物处理系统。由于缺乏记录，无法评估污染物处理系统的缺乏对早期人类健康的影响。但可以确定的是，由于缺乏对污水的管理，城镇中心存在严重的公共卫生问题（Vuorinen，2007；Larsen，2008）。

水体自我净化能力使其具备承受一定污染废水直接排放的能力。随着工业社会的发展，工业废水也直接排放到水体中。如今，由于对长期的大规模污染排放损害水体自我净化能力这一现象有了更深入的了解，因此水体保护得到重视，以防止其环境容量被进一步破坏。伦敦的泰晤士河就是一个很好的例子（Halliday，1999；Arienzo et al., 2001；Vita-Finzi，2012）。从地表水和地下水复杂的相互作用关系来看，由于具有潜在（生态）毒性作用的物质和微生物的存在，因此河流水质下降会对人类健康和环境产生影响，并导致生物多样性减少，从而影响人类健康（Motta et al., 2008; Montuori et al., 2012; Albanese et al., 2013）。

尽管直到19世纪时，人们才意识到必要的卫生措施对保护公众健康非常重要（Brown, 2005; Vuorinen et al., 2007; Cooper, 2007），但许多古文明国家早已意识到污水处理不当的影响，对其进行改善，尤其重视对粪便的处理。大量文献表明，大多数与污水输送相关的技术并非当今工程师的成就，可以追溯到5000多年前的史前社会（Angelakis & Zheng, 2015）。但遗憾的是，关于下水管道和原始污水处理设施的讨论在考古学和历史研究中不受重视，导致其被忽略了，现在重要的是总结过去的经验以确保未来的可持续发展。本章的目的是回顾世界各个地区关于污水管理的做法和经验，同时介绍其对污水处理技术发展作出的贡献。本章介绍的四个文明古国分别是中东与印度地区、中国地区、非洲地区和地中海地区。值得注意的是，由于古代并没有区分污水和雨水，因此本章中"污水"一词也包括受污染的雨水。

1.2 中东与印度地区

据历史记载，美索不达米亚帝国（公元前3500—前2500年）是第一个在形式上解决社区生活卫生问题的国家。在乌尔古城和巴比伦的遗址，有一些房屋遗址存在可以输送废水的排水系统（Jones, 1967），以及与粪坑相连的厕所。遗憾的是，虽然存在复杂的污染物处理系统，但古巴比伦人并没有利用这个系统，而是将垃圾和排泄物丢弃在土路上，定期用泥土覆盖，导致街面不断抬高，只能为房屋建造楼梯（Cooper, 2007）。而在古巴比伦一些较大房子里，人们会蹲在一个开了洞的小房间里进行排泄，这样排泄物会从洞口落入房子下方一个带孔的粪坑里。这些粪坑由焙烧过的直径为 45～70cm 的有孔黏土环彼此堆叠构成。房子越小，粪坑越小（直径 45cm）；房子越大，粪坑越大（Schladweiler, 2002）。至于其他的文明古国，如米诺斯文明古国和另一个位于如今克里特岛和印度河流域的不知名文明古国，污染物处理系统在青铜时代（约公元前 3200—前 1200 年）繁荣发展。

印度河流域的废水处理同样十分先进。早在公元前 2500 年，哈拉帕和摩亨佐·达罗地区就出现了世界上第一个城市卫生系统，近期发现的拉吉加西古城也是如此（Webester, 1962）。印度河文明拥有复杂而集中的废水管理系统，包括厕所、污水收集和污水处理系统（Jansen, 1989; Kenoyer, 1991）。这些通道有的在地下开挖，有的在地面上建造（见图 1-1 和图 1-2）。

图 1-1　摩亨佐·达罗地区挖掘出来的下水道

图 1-2　由烧结砖建造的哈拉帕地上污水通道

然而，"开放式蹲坑"的做法并没有受到欢迎（Avvannavar & Mani, 2008），而且只有少数房子有厕所设施。这些厕所有两种类型：一种是带座位的陶砖建造的器皿；另一种则是蹲坑式的，只是简单地在地板上开了个洞（Jansen, 1989; Wright, 2010）。"简易坐便器"和浴室中产生的家庭废弃物通过管网或渗水池与街道排水口相连，然后被汇集到一个接受固体废弃物的特定地点（Jansen, 1989）。污水未经处理不得直接排入街道排水系统。所谓处理，即家庭产生的污水通过锥形的土陶管流进末端的小水池，固体废弃物在池内沉降和累积，当水池容量达到 75% 时，多余液体溢流到街道排水管道中。专家推测，排水管道可能被砖块和切割过的石头覆盖，在维护和清洁过程中，砖块和石头可能被移走（Wolfe, 1999），这很可能是历史上首次有记载的污水处理方式。当时的排水管道以一定的坡度修建，并将污水输送至印度河中（Wiessmann et al., 2007）。遵循哈拉帕模式，乔维，也就是今天的马哈拉施特拉邦，已于公元前 1375 年至公元 1050 年间开始运用排水系统（Kirk, 1975）。公元前 3 世纪，塔古锡拉古城的生活污水通过陶制管网排入渗水池。公元前 3 世纪的老德里城也使用了同样的系统：排水沟（如今仍可在新德里古城堡见到）将污水引入"井"，该"井"的功能可能与渗水池相同（Singh, 2008）。到了公元前 500 年，乌贾因市则采用陶器环或穿孔罐建造渗水池（Kirk, 1975）。

1.3 中国

中国在排水、河流管理、灌溉、城市供水和污水管理方面都有悠久的历史，最早可以追溯至公元前 2000 年左右。考古发现，公元前 2300 年，中国许多城市已经修建了城市排水设施，如河南省平粮台古城址发现的陶制排水管道可能是最早的排水设施。此外，还发现了一条用于街道下排水系统的土制排水管（HICR, 1983）。西汉时期的公元前 15—前 10 年，中国的城市发展进入黄金时代，黄河流域附近形成了众多大型城市，城市排水系统也随之改善。考古发现，偃师市的西亳古城遗址（即今天的河南省洛阳市偃师区）有一个高效的排水系统。考古专家称，西亳古城占地约 190 万 m^2，从东门延伸到主殿 800m 地下的主干道形成了一个设计精良的排水系统，包括用于排出雨水和宫殿产生的废水的排水口。该地下排水系统宽 1.3m，高 1.4m，可将废水排至护城河里（HICR, 1983）。

1.4 非洲地区

埃及人也很早开始使用卫生系统。根据希罗多德（Herodotus）的描述，在赫拉波利斯遗址（公元前 2100 年）建造精良的房屋中的浴室里配备了石灰石制作的马桶。浴室中有微微倾斜的石板地面，其墙壁通常衬有一定高度（约半米）的石板，以防止潮湿和飞溅（Breasted, 1906）。污水通过浴室石板地面排口处的低洼地排放，有时通过排水管道穿过外墙进入容器或直接排放至沙漠。而那些用不起石灰石马桶的人则使用的是中间带孔且下方放有陶罐的马桶凳。此外，带有陶罐的马桶凳常被用作移动厕所，而且也会作为高级官员的陪葬品使用（Breasted，1906）。公元前1900—前1700年，米诺斯人与埃及人的联系增加也证明了污水、雨水管理相关技术在这个特殊时期融合的可能性增强（Angelakis & Zheng，2015）。这一假设是基于美索不达米亚、埃及、米诺斯和印度河流域水利技术的相似性推测出来的。

1.5 地中海地区

希腊人是利用现代卫生系统的先驱。考古研究明确显示，现代水资源管理技术可以追溯到古希腊时期。从早期的米诺斯时期（公元前3200—前2300年）开始，卫生技术相关问题就已经得到重视及发展。考古及其他证据表明，在青铜时期，先进的污水和雨水管理理念已经开始实践（De Feo et al.，2014），安吉拉基斯（Angelakis）和其同事（2005，2007）详细记录了古希腊城市污水和雨水排水系统的情况。其研究结果显示，在克诺索斯的米诺斯宫殿和斐斯托斯城里被称为"女王公寓"的西侧发现了类似埃及的厕所。它们与一条封闭的下水道相连，这条下水道在4000年后仍然存在并且仍在运行（Angelakis et al.，2005）（见图1-3）。安吉拉基斯和斯皮里扎基斯（Spyridakis）（1996）详细描述了米诺斯宫殿里超过150m的排水系统，其中一些下水道规模较大，甚至人可以在其中通行。许多公元前2000年左右在克里特岛建设的排水渠至今仍在使用。

图1-3 米诺斯宫殿的污水和雨水排水系统一角

随着米诺斯人、埃及人和印度河流域文明古国与希腊大陆发展贸易关系，西方的迈锡尼人（公元前 1600—前 1100 年）和伊特鲁里亚人（公元前 800—前 100 年）、古印度人、古代中国人均受到其影响。迈锡尼人和伊特鲁里亚人是后来希腊人的祖先，此后由于与赫梯帝国和埃及的贸易往来，文化传播开始弱化。公元前 600 年左右，伊特鲁里亚文明古国在意大利中部建立了第一批具有组织架构的城市（Scullard, 1967）。马佐博托作为伊特鲁里亚最重要的城市之一，设计了一个利用自然斜坡协助城市防洪排涝和排污的巧妙排水系统。此外，道路上铺砌的垫脚石还可以保护行人免受雨水径流的影响（Strong, 1968）。与其他古代文明类似，伊特鲁里亚人形成了城市径流的概念，认为其既是让人困扰的洪水问题和污染传播媒介，又是一种重要资源。

虽然这些文明古国具有先进的供水技术，但最终还是走向了灭亡。值得研究的是，水资源的可持续性是否为导致其覆灭或决定其覆灭时间的因素（Mays et al., 2007）。

在基克拉泽斯文明时期（公元前 3100—前 1600 年），爱琴海岛区域同样出现这种先进的技术。锡拉岛（也被称为圣托里尼岛）的考古调查发现，在基克拉德斯群岛发掘出至少 5 个赤陶土浴缸。在公元前 1600 年锡拉火山爆发前，它们很可能一直都在被使用，其中一个是在浴室里发现的，还配备了先进的污水处理系统（Koutsoyiannis et al., 2008）。

随后的古希腊古典时期（公元前 750—前 336 年），历史资料和考古发掘都证明，水和废水处理技术在古希腊得到进一步的发展和广泛应用。古希腊人建造与管道相连的公共厕所，管道将污水和雨水输送到城外的集水池。集水池再通过砖砌管渠将废水输送到农田，用于农田和果园的灌溉。

考古记载，管道系统的设计思路是将建筑物排出的污水通过一套管道设施汇入道路上的渠道中，之后再汇集到更大的渠道中，最后统一汇入收水槽（Tolle-Kastenbein, 2005）。考古学家曾在雅典卫城和普尼克斯山之间发现了一个类似的系统，多个渠道最后汇入同一个收水槽。当然，并不是所有的人口聚集区都需要这种复杂的管道系统，但雅典、萨索斯、帕加玛和庞贝，甚至许多其他尚未开展研究的城市确实存在这种设计精巧的系统。

罗马人是杰出的管理者和工程师，他们设计的系统可以与现代技术相媲美。罗马的供水系统是古代奇迹之一，关于其水资源供给已有许多研究和著作（Hodge, 2002; Cooper, 2007），但罗马帝国的废水管理对当地人生活方式的影响却鲜有记载。下水道和水管最早出现在东方文明中,并非由罗马人发明,但却是由罗马人完善的。罗马人重启了亚述人的工程,并将其理论概念付诸实施,建成的基础设施为罗马帝国所有公民服务。

作为水资源综合服务的发明者,罗马人完善了从源头收集到最终处理的水循环管理闭环,建立了泉水收集和雨水、污水处理的双重管网系统。罗马人意识到泉水的水质比地表水的水质更适合人类饮用,同时也意识到地表水可以用于其他活动。他们还回收了温泉废水,将其用于冲厕并排放至下水道,最后流入台伯河(Jones, 1967)。虽然富人能够拥有自己的浴室和厕所,但大多数罗马人居住在廉价公寓里,后者常把垃圾扔出窗外,这种做法一直持续到中世纪。正因如此,底层人民不断地被流行病侵害。

为了改善这种情况,政府将建成的公共厕所、公共浴室、户外喷泉对民众开放,即使是贫困的居民也能使用(Vuorinen, 2010)。意大利罗马的奥斯蒂亚和土耳其的艾菲斯市都发现了公共厕所存在的证据。除了著名的供水水渠,古罗马还有一套令人印象深刻的污水处理系统。最大的古代下水道是著名的马克西姆下水道,其建于塔尔坎王朝(公元前6世纪),比第一座引水渠(公元前312年)早了近3个世纪。起初建造马克西姆下水道是为了方便市内建筑修建时排干沼泽,其长度超过百米,横穿罗马广场,连接艾米莉亚大教堂和茱莉亚大教堂。因有长远考虑,故修建得相当坚固,罗马人使用了近2500年,甚至托雷戴科尔萨里附近的一段管道至今仍在使用。在完成这个里程碑式工程的几十年内,罗马人又在附近修建了一些较小的水渠来收集附近区域的排水,并将主管道延伸到维拉布鲁姆。随后几个世纪,维修、扩建、新增、翻新改变了马克西姆下水道原来的结构与路线,其中最著名的人孔(即检修孔)被称为"真理之口"。马克西姆下水道系统逐渐遍布于市中心各处,大量新建的检查井将城市各处的管道连接起来,将皇家广场、监狱、萨图恩神庙、卡斯托尔神庙、罗马主干道圣道等处的污水汇入艾米莉亚大教堂前的主干管道中。南部的马克西米竞技场的下水道系统原本仅用于马克西穆斯角斗场区域的排水,后来连接至罗马斗兽场的排水系统中,可能还包括卡拉卡拉浴场的部分区域(Lanciani, 1897)。

罗马帝国许多城市发现了下水道的遗迹,体现了当时的各种工程和建造技术,这些技术的运用取决于坡面的地质条件和与接收水体的距离。例如,庞贝古城和赫库兰尼姆古城采用的是不同的设计。在庞贝古城,污水池是处理废水最常用的方法。污水池建在多孔的熔岩层上,能够轻易吸收雨水、尿液和粪便。赫库兰尼姆也使用了污水池，但数量很少，这是因为坡面地质条件不适合，污水池只能建于陡峭的斜坡和致密的火山凝灰岩底土上（Sori et al., 2001）。然而，随着罗马帝国的覆灭，下水道系统和卫生系统也随之消亡。

1.6 结论

虽然古代文明各国的污水处理技术较现代差、规模也小，但污水管理的基本过程（输送、处理、处置）没有太大差别。古老系统的延续（其中一些系统仍在运行）及科学和工程原理等信息的传承，使得古老的污水管理智慧得以发扬光大。虽然历史上许多文明古国忽视了污水管理的重要性，但仍意识到污水管理对保护人类健康和环境的重要性。当罗马帝国覆灭时，卫生体系的发展也随之停滞，此后1000多年（476—1800年）都没有恢复（Lofrano & Brown, 2010）。垃圾被扔到街上，污水在街边的露天沟渠中肆意流动，夜壶也从窗户向外倾倒。在这段时期，流行病在欧洲许多城市肆虐，污染物渗入地下水并污染井中水源，伦敦和巴黎的河流变成了露天污水河。20世纪初，一些发达国家出台了污水处理和雨污分流的政策，但仍有许多国家污水管理混乱，有些地方甚至连原始的厕所都没有。本章讨论的古老文明国家甚至比如今21世纪的某些国家拥有更加先进的污水管理理念和复杂的污水处理系统。

1.7 原著参考文献

Albanese S., Iavazzo P., Adamo P., Lima A. and De Vivo B. (2013a). Assessment of the environmental conditions of the Sarno River basin (South Italy): a stream sediment approach. *Environmental Geochemistry and Health*, **35**, 283–297.

Angelakis A. N. and Spyridakis S. V. (1996). The status of water resources in Minoan times: a preliminary study. In: Diachronic Climatic Impacts on Water Resources with Emphasis on Mediterranean Region, A. N. Angelakis and A. S. Issar (eds), Springer, Heidelberg, Germany, pp. 161–91.

Angelakis A. N. and Zheng X. Y. (2015). Evolution of water supply, sanitation, wastewater, and stormwater technologies globally. *Water*, **7**(2), 455–463.

Angelakis A. N., Koutsoyiannis D. and Tchobanoglous G. (2005). Urban wastewater and stormwater technologies in ancient Greece. *Water Research*, **39**, 210–20.

Angelakis A. N., Savvakis Y. M. and Charalampakis G. (2007). Aqueducts during the Minoan Era. *Water Science and Technology*, **7**, 95–101.

Arienzo M., Adamo P., Bianco M. R. and Violante P. (2001). Impact of land use and urban runoff on the contamination of the Sarno River basin in south-western Italy. *Water Air and Soil Pollution*, **131**, 349–366.

Avvannavar M. S. and Mani M. (2008). A conceptual model of people's approach to sanitation. *Science and the Total Environment*, **390**, 1–12.

Breasted J. H. (1906). Ancient Records of Egypt, Vol. V: Historical Documents from the Earliest Times to the Persian Conquest. University of Chicago Press, London.

Brown J. (2005). The early history of wastewater treatment and disinfection. World Water Congress 2005: impacts of global climate change – proceedings of the 2005 World Water and Environmental Resources Congress.

Cauvin M. C. and Molist M. (1990). Une Nouvelle séquence stratifiée pour la préhistoire en Syrie semi-désertique. *Paléorient*, **16**(2), 55–63.

Cooper P. F. (2007). Historical aspects of wastewater treatment. In: Decentralised Sanitation and Reuse: Concepts, Systems and Implementation, P. Lens, G. Zeeman and G. Lettinga (eds), IWA Publishing.

De Feo G., Antoniou G., Fardin H. F., El-Gohary F., Zheng X. Y., Reklaityte I. and Angelakis A. N. (2014). The historical development of sewers worldwide. *Sustainability*, **6**(6), 3936–3974.

Fardin H. F., Hollé A., Gautier E. and Haury J. (2013). Wastewater management techniques from ancient civilizations to modern ages: examples from South Asia. *Water Science and Technology: Water Supply*, **13**(3), 719–726.

Golfinopoulos A., Kalavrouziotis I. K. and Aga V. (2016). Prehistoric and historic hydraulic technologies in stormwater and wastewater management in Greece: a brief review. *Desalination and Water Treatment*, **57**, 28015–28024.

Halliday S. (1999). The Great Stink of London: Sir Joseph Bazalgette and the Cleansing of the Victorian Capital. Sutton Publication, Gloucestershire.

HICR (1983). Brief Report of Testing Digging at Long Shan Culture Old City Site of Huai Yang Pingliangtai of Henan. Henan Institute for Cultural Relic. Cultural Relic. No. 3, China.

Hodge A. T. (2002). Roman Aqueducts & Water Supply, 2nd edn. Gerald Duckworth & Co. Ltd., London.

Jansen M. (1989). Water supply and sewage disposal at Mohenjo-Daro. *World Archaeology*, **21**, 177–192.

Jones D. E. (1967). Urban hydrology – a redirection. *Civil Engineering*, **37**, 58–62.

Kenoyer J. M. (1991). The Indus valley tradition of Pakistan and Western India. *Journal of World Prehistory*, **5**, 331–385.

Kenoyer J. M. (1998). Ancient Cities of the Indus Valley Civilization. Oxford University Press/AmericanInstitute of Pakistan Studies: Karachi, Pakistan, pp. 1–260.

Kirby R. S., Withington S., Darling A. B. and Kilgour F. G. (1956). Engineering in History. McGraw-Hill Book Company, Inc., New York, NY.

Kirk W. (1975). The role of India in the diffusion of early cultures. *The Geographical Journal*, **141**(1), 19–34.

Koutsoyiannis D., Zarkadoulas N., Angelakis A. N. and Tchobanoglous G. (2008). Urban water management in Ancient Greece: legacies and lessons. *Journal of Water Resources Planning and Management*, **134**(1), 45–54.

Lanciani R. (1897). The ruins and excavations of Ancient Rome (New York). The Riverside press, Cambrige.
Larsen O. (2008). The history of public health in the Ancient World. *International Encyclopedia of Public Health*, 404–409.
Libralato G., Losso C., Avezzù F. and Volpi Ghirardini A. (2009). Influence of salinity adjustment methods, salts and brine, on the toxicity of wastewater samples to mussels embryos. *Environmental Technology*, **30**, 85–91.
Lofrano G. and Brown J. (2010). Wastewater management through the ages: a history of mankind. *Science of the Total Environment*, **408**(22), 5254–5264.
Lofrano G., Meriç S. and Belgiorno V. (2008). Sustainable wastewater management in developing countries: are constructed wetlands a feasible approach for wastewater re-use? *International Journal of Environmental Pollution*, **33**, 82–92.
Lofrano G., Libralato G., Acanfora F. G., Pucci L. and Carotenuto M. (2015). Which lesson can be learnt from the most polluted river of Europe? *Science of the Total Environment*, **524–525**, 246–259.
Mays L. W. (2007). Water Resources Sustainability. McGraw-Hill, New York; WEF Press, Alexandria, VA.
Montuori P. and Triassi M. (2012). Polycyclic aromatic hydrocarbons loads into the Mediterranean Sea: estimate of Sarno River inputs. *Marine Pollution Bulletin*, **64**, 512–520.
Motta O., Capunzo M., De Caro F., Brunetti L., Santoro E., Farina A. and Proto A. (2008). New approach for evaluating the public health risk of living near a polluted river. *Journal of Preventive Medicine and Hygiene*, **49**, 79–88.
Pathak B. (2001). Our toilets – Indian experience. First world toilet summit 2001 conference. Rest Room Associations, Singapore.
Schladweiler J. C. (2002). Tracking down the roots of our sanitary sewers. In: Pipeline: Beneath Our Feet: Challenge and Solutions, Proceedings of the ASCE Pipeline Division of ASCE, Cleveland, OH, USA, 4–7 August 2002, G. E. Kurz (ed.), American Society of Civil Engineers, Reston, VA, USA, pp. 1–27.
Scullard H. H. (1967). The Etruscan Cities and Rome. Cornell University Press, Ithaca, NY.
Singh U. (2006). A tale of two pillars. In: Delhi: Ancient History, U. Singh (ed.), Social Science Press, New Delhi, pp. 119–122.
Singh U. (2008). History of Ancient and Early Medieval India: From the Stone Age to 12th Century. Pearson Education/Dorling Kindersley, New Delhi, 704 p.
Sori E. (2001). La città e i rifiuti – Ecologia urbana dal Medioevo al primo Novecento. Saggi, Bologna, Il Mulino.
Strong D. (1968). The Early Etruscans. G.P. Putnam's Sons, New York, NY.
Tolle-Kastenbein R. (2005). Archeologia dell'Acqua. Longanesi.
Vita-Finzi C. (2012). River history and tectonics. *Philosophical Transactions of the Royal Society A*, **370**, 2173–2192.
Vuorinen H. S. (2007). Water and health in antiquity: Europe's legacy. In: Environmental History of Water-Global Views on Community Water Supply and Sanitation, P. Juuti, T. Katko and H. S. Vuorinen (eds), IWA Publishing, London, pp. 45–67.
Vuorinen H. S. (2010). Water, toilets and public health in the Roman era. *Water Science &*

Technology: Water Supply– WSTWS, **10**(3), 411–415.

Vuorinen H. S., Juuti P. S. and Katko T. S. (2007). History of water and health from ancient civilizations to modern times. *Water Science and Technology*, **7**, 49–57.

Wiesmann U., Choi I. S. and Dombrowski E. M. (2007). Historical development of wastewater collection and treatment. In: Fundamentals of Biological Wastewater Treatment, S. Choi and E. M. Dombrowski (eds), Wiley-VCH Verlag GmbH & Co. KGaA, Weinheim, pp. 1–23.

Wolfe P. 1999. History of wastewater. World of water 2000 – the past, present and future. In: Water World/Water and Wastewater International Supplement to Penn Well Magazines, Tulsa, OH, USA.

第 2 章

污水处理新技术

人口增长是污水处理新技术研发的主要驱动力，同时生活水平的提高和气候的变化进一步推动新技术的研发（Daigger, 2008）。新技术具有创新性，可满足现在或未来的需求，从而引起市政污水处理领域的极大关注。实际上，新技术的定义就是技术创新。污水处理新技术的研发可应对不断变化的监管要求，并且有助于提高效率、增强可持续性、降低投资或运营成本（Parker, 2011）。

20 世纪，用水量的增长率是人口增长率的两倍以上。虽然，当前水资源的紧缺仅影响一小部分人，但预计到 2025 年将影响全球 45% 的人。现在约有 12 亿人（约占世界人口的五分之一）生活在物质匮乏地区，约有 5 亿人处于物质匮乏边缘，另有 16 亿人（约占世界人口的四分之一）面临经济型水资源短缺问题（指各国因基础设施匮乏而导致从河流、蓄水层等处取水困难）。这种情况会因全球气候变化而加剧，进而影响供水和储水模式，导致现有的水资源管理基础设施效率进一步降低（WRI, 1996）。

水环境中营养物质的增加，尤其是氮和磷含量的增加，是影响城市水资源管理系统的另一个因素（Steen, 1998; Wilsenach et al., 2003）。磷从磷矿中开采使用，氮则用作肥料，磷和氮通过人类的新陈代谢进入污水系统，进而排放入水体，造成水体富营养化。磷酸盐的供给是必需的，并且尚未有可以替代的营养物质，按照目前的消耗速率看，预计 100 年内，磷酸盐将会消耗殆尽。因此，污水的脱氮及氮回收，尤其是磷酸盐的回收很有必要。

即使在发达国家，污泥的产生、处理和最终处置等难题仍未解决。污泥是有机物质和无机物质的混合物，含有污水处理过程剩余的有机碳、营养物质、不能被生物降解的化合物、重金属和病原体等。污泥的资源化利用已经非常普遍，但现有技术尚不能消除其带来的潜在负面影响，因此污泥的资源化利用存在一定争议。此外，污泥产量的持续增加会造成一系列严重的问题。

传统污水处理厂在运行几十年后，相关技术和数据会产生新的问题，需要采取新的策略和更有效、更经济的解决方案。当前对于社会、环境和经济等多目标可持续发展的需求，不断地推动城市水资源管理探索新的路径（Daigger & Crawford, 2005）。可持续性发展同时强调降低能耗、减少运营成本、提高处理效率等多个方面。城市水资源管理的挑战在于探索并实施适用路径，以及研发实现这些目标的相关支撑技术。

本章重点介绍可实施的新技术，从而使污水处理能够不断地适应新的环境、经济和社会发展，提高可持续性。脱氮、磷回收、膜生物反应器、高级氧化、污泥处理处置等工艺的创新技术将在之后的章节中介绍。

2.1 气候变化对污水处理的影响

大气中温室气体浓度增加，预计到2050年，全球气温将上升 $2 \sim 5 \, ℃$（Zouboulis & Tolkou, 2015）。气温上升已引起蒸发率增加、极端天气事件（洪水、干旱、飓风等）增加、冰雪早融和降水减少等一系列问题。由于洪水事件频发，因此旁路处理成为污水处理厂（WWTP）处理污水的常见操作方式，污水处理厂可消纳来自合流制系统的污水和雨水。为了保留曝气池中的生物质并避免生物质被冲刷，暴雨期间进入污水处理厂的污水和雨水不进行任何处理，通过布设在污水处理厂周边的管道统一排放至就近的受纳水体。

气温上升会显著影响溶解氧浓度。随着温度变化，水中的溶解氧浓度从 $20 \, ℃$ 的 9.15 mg/L 分别降至 $23 \, ℃$ 的 8.63 mg/L 和 $28 \, ℃$ 的 7.87 mg/L。其应对措施是延长曝气时间。此外，温度的微小变化会对生物反应产生重大影响。温度对生物生长的影响可根据典型的阿伦尼乌斯公式计算：

$$k = k_{20} \times q^{T-20} \qquad (2\text{-}1)$$

式中：k 是温度为 T 时的反应速率常数；k_{20} 是 $20 \, ℃$ 时的反应速率常数，即温度系数（无量纲）；T 是生物反应温度。对于 $20 \, ℃$（k_{20}）下的 BOD（300 mg/L）样品，反应速率常数 k 取值为 0.1 d^{-1}。当前值为 $k_{23} = 0.123 \, d^{-1}$，气温每上升 $2 \, ℃$、$5 \, ℃$，k 将分别增加至 0.142 d^{-1}、0.174 d^{-1}。气温上升后，硝化作

用作为最慢的好氧生物过程会受到严重影响。考虑到溶解氧浓度降低和生物质生长增加,应重新考虑新污水处理厂的设计和现有污水处理厂的工艺流程。

另外,污水处理厂产生的许多气体会导致温室效应。例如,有机碳氧化产生新的生物质和 CO_2;厌氧消化产生的沼气中含有 60%～70% 的 CH_4 和 CO_2;反硝化作用将亚硝酸盐转化为气态氮(如 N_2O、N_2)。污水处理过程中将营养物质完全去除已成为行业的发展趋势,深度脱氮更加普遍。相比 CO_2,释放到大气中的 CH_4 和 N_2O 对全球变暖的影响分别是 CO_2 的 21 倍和 310 倍。CH_4 和 N_2O 约占温室气体(GHG)排放总量的 3.6%(以 CO_2 当量计)(EPA,2009),其中 0.6% 来自污水处理。气候变化是当前的主要问题,污水处理应考虑减少温室气体排放和降低能耗,厌氧处理或将成为污水处理的趋势。

2.2 脱氮工艺

一个世纪前,活性污泥法首次被成功应用于碳的去除,后来又被用于氮和磷的去除。公众对环境保护的日益关注促使相关排放标准不断地严格。在人们意识到氮是引起河湖富营养化的主要物质后,氨氮的去除工艺受到更多关注。在污水处理过程中,氨氮首先转化为亚硝态氮,然后再通过称为硝化作用的好氧-自养过程转化为硝态氮。反硝化作用将硝态氮转化为亚硝态氮,然后通过缺氧-异养过程转化为气态氮(如 N_2O、N_2)。显然,转化的过程会增加能耗,同时提高对 BOD 和反应器容积的需求。目前,全球已经研发并使用大量技术来解决这个难题,使脱氮更具成本效益,包括 SHARON 工艺(一种简单的亚硝态氮脱氮系统)、ANAMMOX 工艺(厌氧氨氧化)、CANON 工艺(硝化与厌氧氨氧化结合)和 BABE 工艺(生物强化与内源性硝化菌结合)等(IWA,2008)。

SHARON 工艺(通过亚硝态氮稳定、高效地去除氮)是一种经济高效的处理工艺,可完全去除污水中的氮。该工艺适用于高浓度氨氮废水的处理。典型的应用包括污水处理厂的初沉污泥和剩余活性污泥消化脱水滤液的处理。该工艺也可用于污泥干化和焚烧工艺产生的废水处理。SHARON 工艺是一种生物硝化或反硝化工艺,污泥停留时间极短。由于各菌种的繁殖速度在不同的工艺设计温度（30～40℃）下存在差异，因此可通过选择菌种，如通过调节抑制亚硝态氮氧化细菌的生长，从而保留氨氧化细菌与反硝化细菌（见图 2-1），从而有效地阻止亚硝态氮的硝化过程并防止硝态氮形成。该操作可使硝化作用所需的曝气能耗降低 25%，使反硝化作用所需的 BOD 量减少 40%。高浓度氨氮废水的单独处理显著降低了污水处理主要环节的污染物负荷，从而在不需要额外空间的情况下提高了污水处理厂的效能（Grontmij N.V., 2008）。SHARON 工艺已在一些国家的大型污水处理厂广泛应用。

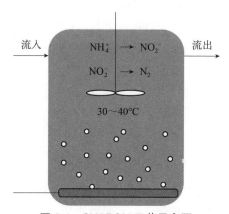

图 2-1 SHARON 工艺示意图

在 ANAMMOX® 反应器工艺中，氨氮被转化为 N_2。该反应通过在反应器中共存的两种不同的细菌进行，硝化细菌将约一半氨氮氧化为亚硝态氮，厌氧氨氧化细菌将氨氮和亚硝态氮转化为 N_2（见图 2-2）。ANAMMOX® 反应器工艺设置有曝气装置和污泥截留系统，污水被连续送入反应器，和反应器内的物质通过曝气快速混合，与污泥和 O_2 强烈接触进而产生化学反应。处理后的污水通过反应器顶部的污泥截留系统流出反应器。颗粒污泥从污水中分离出来，确保反应器处于高污泥浓度的状态。由于颗粒污泥具有密集反应和高生物质含量的特性，因此可保障反应器具有较高的转化率，从而减少反应器容积。与传统硝化或反硝化过程相比，ANAMMOX 反应器工艺具有脱氮率高、反硝化不需要投加甲醇、能耗降低约 60%、污泥产量少及所需空间减少约 50% 等优势（Minworth STW, 2012）。此外，该工艺可降低多达 90% 的 CO_2 排放量，从而使污水处理厂的碳排放量降到最低。仅 2012 年就有 14 座 ANAMMOX® 反应器投入到项目中。

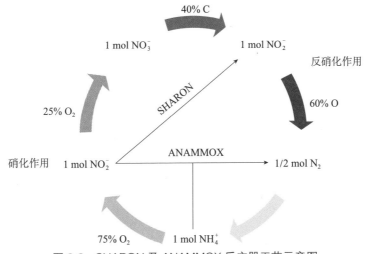

图 2-2　SHARON 及 ANAMMOX 反应器工艺示意图

CANON 工艺（通过亚硝态氮实现完全自养脱氮）可以通过单一的限氧处理步骤从污水中去除氨氮。在工业化应用中，CANON 工艺的适用性取决于进料系统的抗干扰能力。CANON 工艺是在单个曝气反应器中的部分硝化和 ANAMMOX 工艺中厌氧氨氧化的结合，CANON 工艺依赖的是类亚硝化单胞菌好氧菌和类浮霉菌厌氧氨氧化菌这两类菌种之间稳定的相互作用（Third et al., 2001）。在 CANON 工艺中，生物膜有纵深差异，存在有氧区和无氧区，这使得两类菌可在一个反应器中共存。在缺氧条件下，部分氨氮氧化为亚硝酸盐，之后亚硝酸盐与剩余的氨氮一起通过厌氧氨氧化菌转化为 N_2。相关研究说明了 CANON 工艺的部分试验和工业化应用情况（Biswas R. & Nandy T., 2015）。

侧流富集主流强化的 BABE 生物调控工艺中，硝化反应的主要设计依据是好氧污泥所需的停留时间（SRT）。通过在活性污泥中添加硝化细菌可降低所需的 SRT。但在悬浮液中添加菌种有一个缺陷，它们容易被高等生物影响，并且可能对实际处理条件的适应不佳。BABE（生物强化或间歇富集）工艺通过在活性污泥絮体中产生硝化菌来解决这个问题。为实现这个目标，来自主工艺有限的活性污泥在 BABE 反应器中循环利用（见图 2-3）。该设计有两个主要目标：一是对富含氮的侧流过程进行生物处理；二是在主流过程增加硝化菌（IWA, 2008）。

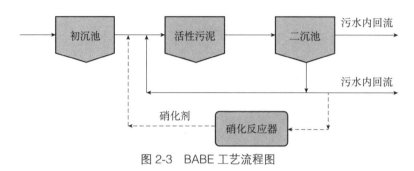

图 2-3　BABE 工艺流程图

2.3　磷回收工艺

污水和污泥中含有大量的氮和磷，这些营养物质可以被回收和再利用。由于化肥是在不可再生的基础原材料和能源（磷矿石、石油、煤油气）基础上生产的，因此可从污水中回收氮和磷用于生产化肥、有机肥及相关高附加值产品，实现二氧化碳减排、废物再生产、基础性资源保护等目的，从而对环境产生有利影响。

随着世界人口的增长和人民生活水平的提高，社会对肥料的需求稳步增加。在欧洲，因为几乎没有任何基础资源（磷酸盐岩）可用，所以磷成为一种战略资源。欧洲对磷进口的依赖威胁着我们未来社会的粮食安全。2006—2008 年，磷肥在农业中的应用增多，其价格飙升了 800%。当前面临的严重问题是有限的可用磷资源和较低的磷肥生产效率（实际开采的岩石中的磷只有五分之一进入我们的食物），这个问题将导致化肥价格进一步上涨，环境污染及能源和资源的消耗增加（European Sustainable Phosphorus Platform, 2015）。

鉴于污水处理厂的大部分磷最终进入污泥，从污水中回收再利用磷有三种主要途径：将污泥施用于土地；从污水污泥灰分中回收磷；通过物理化学过程将污泥中的磷浓缩并回收（见表 2-1）。

表 2-1　污水中磷的回收流程

技术	流程	优势和劣势	磷的形式
鸟粪石法（MAP）	磷酸铵镁（MAP，鸟粪石）通过 PO_4^{3-}、NH_4^+ 和 Mg^{2+} 之间的结晶生成。将化学物质添加到含有高磷浓度的污水中，如消化池的上清液，并在曝气的同时搅拌混合	优势：运营方便，不需要 MAP 预处理，运营成本低，可持续去除 NH_4^+ 劣势：对 NH_4^+ 的浓度有要求，不适用低磷浓度的污水	MAP
羟基磷灰石法（HAP）	羟基磷灰石（HAP）通过 PO_4^{3-}、Ca^{2+} 和 OH^- 之间的结晶生成。先将化学物质添加到二级出水等低磷浓度的污水中，再将它们输送到结晶反应器中	优势：副产品少，运营成本低 劣势：需要排气和过滤，且持续接种较困难	HAP
电解作用	将铁电极浸入污水中并通入直流电将 Fe^{2+} 从正极析出，氧化为 Fe^{3+}，磷酸盐与 Fe^{3+} 发生反应析出	优势：装备简易，适用于小规模处理 劣势：需定期维护电极，防止其表面产生氢氧化物	$FePO_4$
吸附作用	二级出水送入充填 Zr（锆）的填料塔，去除活性氧化铝吸附剂和磷酸盐，吸附剂可回用	优势：污泥产量低，吸附剂种类多 劣势：容易受到其他材料的影响	磷酸、磷酸钙

2.4 膜生物反应器 (MBR) 工艺

MBR 工艺为场地受限的高水质标准废水处理提供了技术支持。通过 MBR 工艺的定制可以满足再生水回用、营养物去除等相关需求（Parker，2011）。膜生物反应器（MBR）将微滤或超滤等选择性渗透工艺或半透膜工艺与悬浮生物反应器结合，现已广泛应用于市政和工业废水处理，处理规模高达 250 000 人口当量。MBR 工艺也可以对现有的污水处理厂进行升级改造（Fitzgerald, 2008）。

MBR 工艺将传统的生物处理工艺（如活性污泥）与膜过滤结合，从而有效地去除有机物和悬浮物。在相应设计环节，该工艺还可以提高去除营养物质的能力。在 MBR 工艺中，膜浸没在曝气生物反应器中（见图 2-4）。MBR 膜的孔径范围为 0.035～0.4 μm（具体范围取决于制造商），介于微滤和超滤之间。该过滤水平可以产生高质量出水，并且省略了废水处理过程中常用的沉淀和过滤环节。由于省掉了沉淀环节，因此生物反应可以在更高浓度的混合液中进行，其固体范围为 1.0%～1.2%，是传统污水处理厂的 4 倍。该方式大幅度地减少了工艺构筑物的体积，并可以在不新增构筑物的情况下对许多现有的污水处理厂进行升级改造（见图 2-5）。膜成本的降低使 MBR 工艺受到青睐，被认为是污水处理的未来技术。

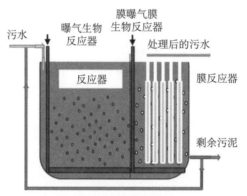

图 2-4 典型的浸没式 MBR 工艺

图 2-5 希腊艾吉奥市污水处理厂 MBR 升级系统

MBR 工艺可使生物固体停留时间增加，能够更充分地进行生物处理，截留病原体（包括病毒）。经过 MBR 工艺处理后的低浊度出水更易消毒，而且可用于生产非饮用水。如果生产饮用水，则必须在 MBR 工艺后进行 RO 和 UV 处理（Tao et al., 2005, 2006）。

2.5 高级氧化工艺（AOPs）

高级氧化工艺包含系列化学处理过程，旨在通过与羟基自由基（·OH）的氧化反应去除污水中的有机物质（有时可能是无机物质）。这些活性物质是最强的氧化剂，可氧化水基质中存在的任何化合物，通常其反应速度受扩散控制影响。羟基自由基一旦形成就会发生非选择性反应，促使污染物迅速碎裂并转化为小的无机分子（见图2-6）。高级氧化工艺的主要机制是产生高活性羟基自由基。

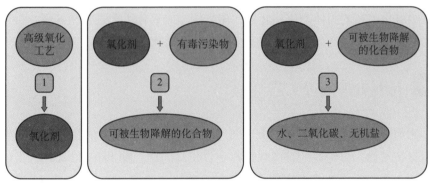

图2-6　高级氧化工艺的三步机制

由于羟基自由基具有反应性亲电子的特性，可有效地破坏有机化学物质，因此羟基自由基可与几乎所有富含电子的有机化合物发生快速非选择性反应。与 H_2O_2 或 $KMnO_4$ 等传统氧化剂相比，羟基自由基的氧化电位为2.33 V，具有更快的氧化反应速度（Gogate & Pandit，2004）。

羟基自由基是基于一种或多种初级氧化剂（如 O_3、H_2O_2、O_2）和能源（如紫外线）或催化剂（如 TiO_2）生成的。高级氧化工艺包括 O_3、紫外线（UV）和 H_2O_2 等的组合，旨在产生高反应性羟基自由基。此外，活性炭仍广泛用于再生水的回用处理。

根据过去十年公开发表的相关资料，学术界十分重视在污水处理中使用高级氧化工艺。截至目前，TiO_2 UV 光工艺、H_2O_2 UV 光工艺和芬顿反应广泛应用于工业和市政污水的 COD、TOC、染料、酚类化合物、内分泌物及其他难降解有机化学物质的去除。影响该去除过程的主要因素包括目标化合物的初始浓度、氧化剂和催化剂的数量、光强度、辐照时间和废水溶液的性质（pH值、是否存在固体和其他离子）。上述参数对高级氧化工艺的影响已在各类污水处理中得到验证（Stasinakis，2008）。尽管关于高级氧化工艺的机理研究取得较大进展，但大多限于小试或中试规模。关于高级氧化工艺应用于污水处理工业化的研究很少，相关成本分析也比较少（Vogelpohl，2007）。

昂贵化学品的使用和能耗的增加使得高级氧化工艺的运营成本相对较高，并且在某些情况下可能形成比原化合物毒性更大的未知中间产物。目前，这些问题仍未解决。这些工艺也容易被非目标物质清除羟基自由基，不适用于可抵抗羟基自由基攻击的某些有毒化合物。

在采用高级氧化工艺前，使用混凝、沉降、过滤等分离步骤可过滤掉影响高级氧化工艺的固体物质。此外，先采用高级氧化工艺进行预处理，再进行生物处理，可以降低成本并去除更多的有机化合物（Stasinakis，2008）。

2.6 污泥处理处置工艺

污泥和再生水是污水处理厂的主要产物。尽管在过去的几年中，再生水回用显著增加，但污泥的管理和最终处置仍是问题。20世纪80年代，人们坚信经消化和脱水后的污泥可作为优质肥料使用。然而，随着分析技术的提高，人们发现污泥中富集有不可被生物降解的物质、有毒污染物和重金属，应对其使用进行监管，以避免危害发生。此外，随着新化学物品的研发，低浓度处理环境下的污泥处理不可避免地含有有害物质，然而这些污泥产物的最终处置问题仍难以解决。

污泥处理处置流程见图2-7，包括消化、脱水、干燥和处置等污泥综合治理的4个步骤。

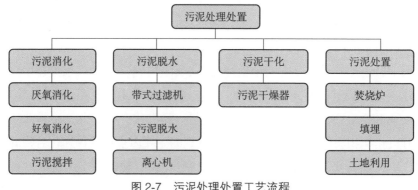

图2-7 污泥处理处置工艺流程

污水处理厂的设计能力通常需满足100 000以上人口当量,并配置初级沉淀和污泥厌氧消化的相关设备。污泥脱水在任何情况下都是必须进行的流程,脱水后污泥的含固率一般为20%~30%。此外,污水处理厂还需进行污泥干燥处理,尤其是规模较大的污水处理厂(见图2-8)。

图2-8 在塞萨洛尼基(希腊)污水处理厂经过干燥处理的污泥

由于具有生态环保和经济性的优势,利用太阳能对污泥进行干燥处理已被普遍接受,其具有实施和操作容易、运行成本低等优点。此外,通过紫外线辐射和降低污泥含水率可减少污泥固体物质中的病原体含量。因此,利用太阳能干燥可生产适合农用的污泥产物。全球已有大量的太阳能污泥干化厂在运行,他们的建造和运营经验较丰富,但缺乏设计规则,尤其是缺乏针对不同气候和区域特征的设计规则。尽管太阳能干燥是一种低成本的污泥干燥方法,但其占地面积较大,一般只适用于小规模的污泥处理。

2.7 原著参考文献

Biswas R. and Nandy T. (2015). Nitrogen removal in wastewater treatment. In: Environmental Waste Management, R. Chandra (ed.), CRC Press, Taylor & Francis Group, Boca Raton, Florida, pp. 95–110.

Daigger G. T. (2008). New approaches and technologies for wastewater management. *The Bridge Linking Engineering and Society*, **38**(3), 38–45.

Daigger G. T. and Crawford G. V. (2005). Wastewater Treatment Plant of the Future – Decision Analysis Approach for Increased Sustainability. In: 2nd IWA Leading-Edge Conference on Water and Wastewater Treatment Technology, Water and Environment Management Series. IWA Publishing, London, U.K., pp. 361–369.

EPA (2009). Overview of greenhouse gases.

European Sustainable Phosphorus Platform (2015). SCOPE Newsletter, April.

Fitzgerald K. S. (2008). Membrane Bioreactors. TSG Technologies, Inc., Gainesville.

Gogate P. R. and Pandit A. B. (2004). A review of imperative technologies for wastewater treatment I: oxidation technologies at ambient conditions. *Advances in Environmental Research*, **8**, 501–551.

Grontmij N. V. (2008). Sharon, Nitrogen Removal over Nitrite.

IWA (2008). Biological Wastewater Treatment: Principles, Modelling and Design. In: M. Henze, M. C. M. van Loosdrecht, G. A. Ekama and D. Brdjanovic (eds), IWA Publishing, London.

Minworth S. T. W. (2012). Annamox Plant UK Water Projects 2012.

Parker D. S. (2011). Introduction of new process technology into the wastewater treatment sector. *Water Environment Research*, **83**(6), 483–497.

Stasinakis A. S. (2008). Use of selected advanced oxidation processes (AOPs) for wastewater treatment – a mini review. *Global NEST Journal*, **10**(3), 376–385.

Steen I. (1998). Phosphorus availability in the 21st century: management of a non-renewable resource. *Phosphorous and Potassium*, **217**, 25–31.

Tao G., Kekre K., Zhao W., Lee T. C., Viswanath B. and Seah H. (2005). Membrane bioreactors for water reclamation. *Water Science and Technology*, **51**(6–7), 431–440.

Tao G. H., Kekre K., Qin J. J., Oo M. W., Viswanath B. and Seah H. (2006). MBR-RO for high-grade water (NEWater) production from domestic used water. *Water Practice and Technology*, **1**(2), 70–77.

Third K. A., Olav Sliekers A., Kuenen J. G. and Jetten M. S. M. (2001). The Canon system (completely autotrophic nitrogen-removal over nitrite) under ammonium limitation: interaction and competition between three groups of bacteria system. *Applied Microbiology*, **24**, 588–596.

Vogelpohl A. (2007). Applications of AOPs in wastewater treatment. *Water Science and Technology*, **55**(12), 207–211.

Wilsenach J. A., Maurer M., Larsen T. A. and van Loosdrecht M. C. (2003). From waste treatment to integrated resource management. *Water Science and Technology*, **48**(1), 1–9.

WRI (World Resources Institute) (1996). World Resources 1996–1997. Oxford University Press, New York.

Yang G., Zhang G. and Wang H. (2015). Current state of sludge production, management, treatment and disposal in China. *Water Research*, **78**, 60–73.

Zouboulis A. and Tolkou A. (2015). Effect of climate change in wastewater treatment plants: reviewing the problems and solutions. In: Managing Water Resources under Climate Uncertainty, S. Shrestha, A. K. Anal, P. A. Salam and M. van der Valk (eds), Springer Water.

第 3 章

生物脱氮除磷及能量回收新工艺

3.1 概述

生活、商业和工业等人类活动会产生废水,从广义上看,废水是失去其原始价值的水。然而,废水中存在的能量和营养物质仍有较高价值(Verstraete & Vlaeminck, 2011; McCarty et al., 2011)。为了避免"废水"一词误导公众,环境领域的专家们提出了另一个词"用过的水"(Verstraete & Vlaeminck, 2011),以此促使公众了解污水处理的最终目标是实现水的循环利用。毕竟,淡水也是循环水,遵循水循环的基本过程,从处理过的污水受纳水体(河流、湖泊、海洋)到天空中的冷凝物(云),最后通过降雨、降雪回到地面,丰富蓄水层。

总而言之,能源、有价物质(氮、磷)、有机肥和再生水回用一直是污水处理的新方向,旨在降低成本和节约资源。城市污水处理厂(WWTP)可将污水中的常见污染物(有机碳、氮、磷)的含量降低到环境容量以下。然而,传统污水处理厂运行成本高、能耗大,环境影响大。通常,这三个方面是相互关联的。例如,使用化石燃料会导致高能耗,从而增加运行成本。研究表明,大型和小型污水处理厂的成本为 17～30 欧元 / 人口当量 / 年和 30～40 欧元 / 人口当量 / 年,其中,运行成本占 30%～38%(Verstraete & Vlaeminc, 2011)。污水处理厂的能耗约为 33 kW·h / 人口当量 / 年,其中 20% 的能耗通过污泥厌氧消化回收。即使是最节能的污水处理厂,其每年的能耗也接近 20 kW·h / 人口当量 / 年,其中 50% 通过污泥厌氧消化回收。对环境影响较大的是污水处理厂建设和运行的电力消耗、污泥运输、污水处理过程的药剂添加及温室气体(CH_4、N_2O)排放等。

本章重点介绍基于生物处理工艺的新技术,包括高效的氮磷去除技术,以及将厌氧消化工艺扩展到污水预处理阶段，主要目的是降低污水处理厂的能耗。近几年，以微生物燃料电池为主的生物电化学系统也引起了业内的广泛关注，旨在通过微生物对有机物（碳、氮、磷）的去除，提高能量输出功率，降低成本。本章未涉及该方面内容。

3.2 生物脱氮除磷工艺

生物脱氮除磷（Biological Nutrient Removal，BNR）工艺是污水处理过程中对环境友好且经济高效的方案。传统的二级处理工艺主要用于有机物的去除（二级处理），而氮磷的去除需要深度处理技术（三级处理）。研究发现，好氧、缺氧和厌氧条件的交替有助于提高有机物去除效率。玛拉米斯（Malamis）等人（2015）简要介绍了欧洲和北美地区关于有机物和氮磷去除相结合的方法，并对比分析了新建污水处理厂的成本与对现有污水处理厂改造脱氮除磷单元的成本。研究发现，新建污水处理厂的成本主要受进水负荷和出水水质要求的影响，而改造现有污水处理厂的成本主要受场地差异的影响，并且成本差距很大（建设成本为 $16 \sim 5234$ 美元 $/m^3/d$），该影响还存在于不同场地近似处理规模的改造。一般新建污水处理厂的成本高于现有污水处理厂改造的成本。

在典型的脱氮除磷工艺中，传统的硝化或反硝化脱氮过程中氨氮（NH_4^+-N）转化为氮气（N_2）的同时，P 元素以多磷酸盐分子形式在细菌中的累积，实现了生物除磷。在传统的硝化或反硝化过程中（见图3-1），含氮化合物的一系列转化分为两个阶段：第一个阶段首先为氨氮被氨氧化细菌（AOB）氧化为亚硝酸盐（NO_2^-），然后被硝酸盐氧化细菌（NOB）进一步氧化为硝酸盐（NO_3^-）；第二个阶段为硝酸盐被反硝化细菌还原为一氧化氮（NO）和一氧化二氮（N_2O），最后生成产物氮气（N_2）。其中，AOB 和 NOB 都是自养好氧型微生物，而反硝化细菌是异养缺氧型微生物（Tchobanoglous et al.，2003）。

此外，生物除磷是聚磷菌（PAO）作用形成的多磷酸盐化学物，其中，磷浓度高达细胞干重的 10%。当暴露于有氧和缺氧交替的环境时，PAO 环境改变。由于环境改变的影响，PAO 在厌氧条件下将挥发性脂肪酸（VFA）转变为挥发性脂肪酸聚合物（聚羟基烷酸酯，PHAs），该过程所需的能量来自细胞内已存储的多磷酸盐化合物分解释放的能量，同时磷酸盐释放至细胞外。当有

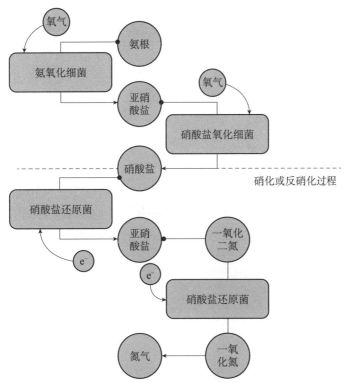

图 3-1 传统的硝化或反硝化过程

氧条件稳定后，PAO 会分解为 PHA，形成新细胞和有氧分解代谢的产物（CO_2、H_2O）。释放的能量储存在新的多磷酸盐链的磷酸盐键中，磷酸盐键通过从细菌环境中吸收磷酸盐而形成（见图 3-2），从而开启下一循环的厌氧阶段。当生物质在好氧阶段被去除时，磷酸盐也以多磷酸盐的形式被去除（Tchobanoglous et al., 2003）。

在生物脱氮除磷工艺中，好氧、缺氧和厌氧三个阶段以空间（例如，在同一池体或不同池体的不同分隔区域）或时间（例如，通过同一池体的序批式反应器 SBR 进行间歇曝气）形式结合。厌氧池通常设置在好氧或缺氧池前，以便 PAOs 吸收污水中的挥发性脂肪酸。缺氧池通常设置在好氧池前，以便缺氧池反硝化菌充分利用污水中的有机物，该设置有助于实现好氧和缺氧阶段的连续性。在这种工况下，混合液从好氧池回流到缺氧池的内循环过程，为反硝化菌提供了充足的反硝化底物（硝酸盐）（见图 3-3，为上述组合的示例）。

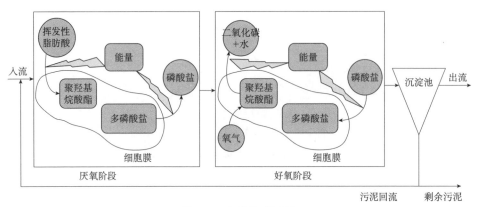

图 3-2　生物除磷过程

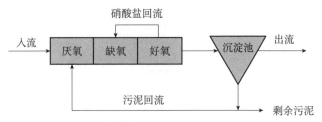

图 3-3　脱氮除磷的 BNR 工艺流程

由于需要额外的曝气，因此将生物脱氮除磷工艺与有机物去除工艺相结合会增加运行成本。如果污水中的有机物浓度无法满足要求，还需要在缺氧或厌氧阶段分别为反硝化菌和 PAOs 添加有机碳源。曝气是污水处理厂最大的电耗，占比为 50%～70%（Verstraete & Vlaeminc, 2013; McCarty et al., 2013; Malamis et al., 2015）。通过有效的 O_2 转移技术，可降低曝气的能耗（例如，微气泡曝气，Terasaka et al., 2011；生物膜反应器中的无气泡曝气技术，MABR，Timberlake et al., 1988；Shanahan & Semmens, 2006）。具体而言，在 MABR 技术中，O_2 通过膜扩散到水体中，同时也在膜上形成了生物膜。尽管生物膜的形成最初被视为导致膜污染的不利因素，但实际上它也增加了 O_2 在反应器中的停留时间。该技术也适用于强曝气导致的挥发性有机化合物从反应系统逃逸（Kniebusch et al., 1990）或者表面起泡（Pankhania et al., 1999）等情况，同时也适用于高有机负荷的污水处理工艺（Yamagiwa et al., 1994）和 BNR 工艺（Timberlake et al., 1988）。

研究发现，在部分硝化或反硝化和厌氧氨氧化阶段略过好氧硝化过程可以节省曝气量，该研究结果取得了重大突破。在部分硝化或反硝化过程，氨根被氧化为亚硝酸盐，亚硝酸盐被还原为 N_2（见图 3-4）。厌氧氨氧化过程由自养厌氧细菌调节，该自养厌氧细菌将氨氮氧化并与亚硝态氮发生还原反应，从而形成 N_2。亚硝态氮可能来自部分反硝化过程（$NO_3^- \to NO_2^-$），其中所需的有机碳少于完全反硝化，或来自部分硝化过程（亚硝化），NO_2^- 氧化为 NO_3^- 的过程受到抑制。后一种情况的反应过程不需要有机碳（见图 3-5）。厌氧氨氧化过程的副产品是 NO_3^-，其产生量为初始氨氮的 10%。

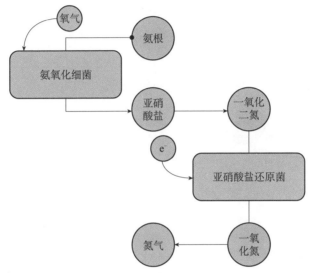

图 3-4　部分硝化或反硝化过程

然而，节省的 O_2 量与硝化步骤的 O_2 需求没有直接关系。一般，氨氮完全氧化的需氧量（每克氨氮氧化的需氧量为 4.57 kg）高于有机碳氧化所需的氧气量（去除每千克 BOD_5 的需氧量为 0.7～1.5 kg O_2）（IWA 技术公告，2012）。然而，如果将收集的废水用作碳源，则可以在反硝化过程中回收部分 O_2（2.86 kg/kg NO_3^--N）。无论选择哪种路线，从氨氮到 N_2-N 的电子流都是相同的，去除氮的净氧需求量会低很多，去除每克氨氮的需氧量为 1.71 kg（Daigger，2014）。从这个意义上看，传统的基于异氧硝化的 BNR 工艺应该根据碳氮比的可用性进行选择；由于这些过程的有机负荷减少，多余的有机负荷可以在工艺上游进行富集，并通过厌氧消化用于能源生产，而剩余的有机负荷则可以被这些过程涉及的细菌利用，从而减少外加的有机碳源。研究发现，抑制亚硝酸盐氧化为硝酸盐及其后的还原步骤可减少 25% 的氧气需求量和 40%

的COD需求量（用于反硝化），并且可降低约30%的污泥量和20%的CO_2产量（Gustavsson，2010）。

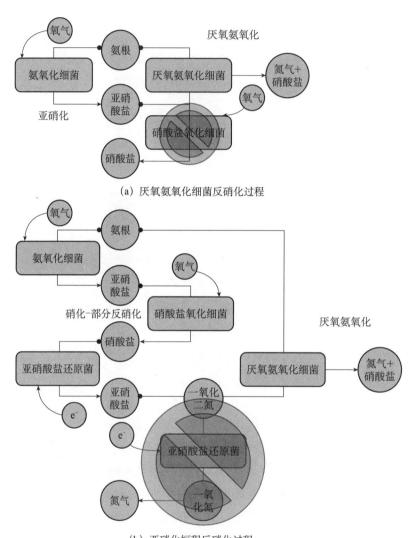

(a) 厌氧氨氧化细菌反硝化过程

(b) 亚硝化短程反硝化过程

图3-5 厌氧氨氧化细菌与亚硝化短程反硝化过程的耦合

部分硝化或反硝化的关键是亚硝酸盐的有效累积，该过程以牺牲亚硝酸盐氧化细菌（NOB）为代价促进氨氧化细菌（AOB）生长（Malamis et al., 2014），选择适当的条件有助于实现这一目标。研究表明，低溶解氧浓度（0.4～1.0 mg/L）及高温范围均有利于AOB生长（Blackburne et al., 2008a;

Hellinga et al., 1998)。基于溶解氧浓度的 NOB 消耗包含交替的缺氧、好氧过程（Gilbert et al., 2014），以及通过对溶解氧、氧化还原电位和 pH 值的监测来控制调节曝气时间（Blackburne et al., 2008b; Gu et al., 2012）。此外，高游离氨浓度（> 1 mg/L, NH_3）或高游离亚硝酸浓度（> 0.02 mg/L, HNO_2-N）对 NOB 的消耗会产生抑制作用（Vadivelu et al., 2007; Gu et al., 2012）。上述条件的组合进一步增强了亚硝化过程（Sun et al., 2013; Katsou et al., 2015）。

部分硝化反硝化工艺已成功应用于高氨碳低碳污水的处理，例如，污泥消化液处理（Frison et al., 2013）、垃圾填埋场的渗滤液处理（Sun et al., 2013）等。在这些情况下，污水处理所需的有机物来自污水污泥发酵产生的短链碳化合物。这种方式不仅降低了碳耗成本，而且促进了亚硝化或反硝化过程及通过亚硝酸盐驱动的反硝化除磷的过程。美国环保署（2013 年）认为，短程硝化反硝化工艺处理污水是一种创新的工艺。但目前在全球范围大规模应用的情况仍然较少。

随着厌氧氨氧化细菌的发现，厌氧氨氧化工艺应运而生。厌氧氨氧化细菌具有特殊的细胞器结构——厌氧氨氧化体，可以以一氧化氮和肼作为中间产物进行厌氧氨氧化反应（Kartal et al., 2013）。在污水处理中实现稳定的厌氧氨氧化工艺存在一些障碍，这与厌氧氨氧化菌的生长特征（生长速度慢）和环境条件（与异养菌竞争处于弱势地位）有关。

厌氧氨氧化细菌生长速度非常慢，世代周期为 15 ~ 30 d（Lotti et al., 2015），并且污泥产量很低（0.11g VSS/g NH_4^+-N）（Strous et al., 1998），这是这些细菌难以被分离和富集的主要原因。为了提高生长速度，厌氧氨氧化细菌通常在 25 ~ 40℃的高温下培养（Zhu et al., 2008），且碳氮比低于 0.5 g COD/1.0g N，从而减少与异养菌竞争（Jenni et al., 2014）。在特定工况下，以固定停留时间运转的生物反应器有助于厌氧氨氧化细菌的高效运行。洛蒂（Lotti）等（2015）研究表明，通过在膜生物反应器（MBR）工艺中进行适当的"调控"，厌氧氨氧化细菌能够以 4 倍的速度生长。詹尼（Jenni）等（2014）成功地在具有颗粒状厌氧氨氧化生物质的生物反应器中，将 COD 与 N 的比例提高至 1.4。马（Ma）等（2016）对几种适宜厌氧氨氧化的工艺进行综述。卡尔塔（Kartal）等（2013）研究表明，通过调整工艺策略，厌氧氨氧化工艺的脱氮效果可以达到传统的生物脱氮效果。

在生物膜和颗粒污泥生物反应器中，生物膜或颗粒污泥的结构也发挥了实际功效。这些工艺中的细菌形成层状结构，其中，外层被暴露于需氧条件下的 AOB 占据，并辅助厌氧条件下占据内层的厌氧氨氧化细菌产生亚硝酸盐。马（Ma）等（2016）总结了厌氧氨氧化形成生物膜或颗粒的重要性，针对水力停留时间短、低温（冬季 20℃ 或更低）、低强度废水负荷等情况开展了详细研究。水力停留时间短和低温都有利于细胞外聚合物（EPS）的排出，而这些细胞外聚合物是造成细菌聚集的原因。然而，由于在这些条件下水的黏度和密度较高，低温会降低颗粒的沉降性，因此厌氧氨氧化造粒在夏季进行比较好。此外，EPS 的过度排出可能会堵塞颗粒孔隙（这些空隙可捕获反应过程中形成的 N_2），并使颗粒漂浮在表面，导致其被冲刷。为了防止颗粒漂浮，颗粒的大小应保持在 2.20mm 以下（Ma et al., 2016）。生物膜的厚度会影响薄膜的氧气渗透。事实上，溶解氧浓度和生物膜厚度的最佳水平取决于氨的表面负载（Hao et al., 2002）。

厌氧氨氧化细菌对氧气敏感，在单级生物反应器中与好氧 AOB 共存可能是个严峻的问题。由于氧气水平需保持低水平以消耗 NOB，因此缺氧环境可能不会对厌氧氨氧化细菌造成不利影响。此外，在非均质性主导的环境下（例如，异质系统），厌氧氨氧化细菌可能聚集在生物反应器的非氧化部位，例如，生物膜或颗粒的内层。在这种情况下，环境适应性至关重要。相关研究设法使厌氧氨氧化细菌适应溶解氧高达 8 mg/L 的环境，结果发现，虽然长时间暴露在这样的条件下，但它们的活性几乎没有损失（Liu et al., 2008）。

反硝化过程是亚硝酸盐累积的另一个途径。与厌氧氨氧化细菌相比，吉布斯自由能在反应中的变化更快，反硝化菌的产量更高，生长速度更快，由此可见，反硝化与厌氧氨氧化具有竞争关系（Rittmann & McCarty，2001）。

反硝化的公式：

$$NO_3^- + 0.625CH_3COO^- + H^+ \rightarrow 0.5N_2 + 0.625CO_2 \\ + 0.625HCO_3^- + 1.125H_2O, \Delta G^0 = -498 \text{ kJ/mol } NO_3^- \qquad (3-1)$$

厌氧氨氧化的公式：

$$NH_4^+ + NO_2^- \rightarrow N_2 + 2H_2O, \Delta G^0 = -358 \text{ kJ/mol } NH_4^+ \qquad (3-2)$$

碳氮比对厌氧氨氧化细菌和反硝化菌的共存起重要作用，因为在高碳氮比环境下，甲烷的产生可能与反硝化作用形成竞争关系。在高碳氮比环境下，吉布斯自由能的变化易受阻。但在该环境下，由于过度的还原能力，硝酸盐异化还原为氨可能更占优势。碳氮比的合适范围为 0.8～1.6，而 $NH_4^+:NO_2^-$ 的比例应控制在 1:1～1:5。此外，溶解氧、温度和 pH 值也会影响厌氧氨氧化细菌和反硝化菌的共存（Kumar et al., 2010）。

厌氧氨氧化工艺的进步主要在于以高停留时间运行的单级或多级生物反应器组成的配置、厌氧氨氧化系统的启动和运行策略等几个方面。在单级系统中，亚硝酸盐是在缺氧环境（CANON）中产生的；在两级系统中，亚硝酸盐是在好氧生物反应器中产生并送入缺氧厌氧氨氧化生物反应器（SHARON）中的。厌氧氨氧化工艺有更多的组成方式，但基本都是根据含有的阶段数区分的（Hu et al., 2013）。原则上，一级系统投资成本较低，而二级系统为两级厌氧氨氧化提供了更多的优化选择。如果是新建系统或改造原有系统产生的系统，在选择一级系统和二级系统时主要取决于场地因素，例如，空间的可用性、可用预算等。

以高污泥停留时间而闻名的生物反应器，如上流式厌氧生物反应器（UASB）、生物过滤器、气提反应器、膜反应器（MBR）和序批式反应器（SBR）等已成功应用于厌氧氨氧化工艺。研究表明，UASB 在水力或基质负载增加的情况下是稳定的，而 MBR 能够在不稳定的条件下有效地保留生物质（Jin et al., 2008; Wang et al., 2012）。2014 年，各种涉及富氨废水处理的厌氧氨氧化工业化应用项目（例如，废水处理、皮革生产、食品加工、半导体生产、酿酒等产业）已近 100 家（Lotti et al., 2014）。进水 COD 与 NH_4^+ 的比值为 $0.3 \sim 15$，SBR 的加载率范围为 $0.045 \sim 0.65 \text{ kg N/m}^3/\text{d}$，生物膜系统的加载率范围为 $1 \sim 7 \text{ kg N/m}^3/\text{d}$（Lackner et al., 2014）。运行记录显示，SBR 部分亚硝化或厌氧氨氧化系统的能源需求为 $0.8 \sim 2 \text{ kW} \cdot \text{h/kg N}$，与德国城市英戈尔施塔特（Ingolstadt）同装置的传统硝化或反硝化工艺相比，SBR 的能耗更低（低 50% 左右）。目前正在开展细菌在未来环境的适应性变化研究，并记录其功能提升方面的进展（Hu et al., 2013）。厌氧氨氧化工艺的启动持续时间从 19 d 到 465 d 不等，较长的启动时间常被各界人士关注（Nozhenvikova et al., 2012; He et al., 2015）。这也是阻碍厌氧氨氧化工艺广泛应用的主要因素之一。研究发现，有效培养和长期储存接种菌对于攻克这一技术难关有较大帮助（He et al., 2015）。

一氧化二氮（N_2O）是一种温室气体，其造成的全球变暖效应约是二氧化碳的 300 倍。N_2O 是常规反硝化的中间产物，也是氨氧化过程中两级氨氧化不平衡时的副产物（新型 BNR 就是这种情况）。N_2O 的释放量可通过最小化好氧过程 N_2O 的产生和排放，以及最大化缺氧过程 N_2O 的消耗进行调节（Desloover et al., 2012）。本章介绍的新型 BNR 工艺基于氨氧化步骤的不平衡性，但多种因素组合的不确定性（扩散、混合、曝气气提、风平流）导致 N_2O

的排放量与 N_2O 的产生量不同。显然，曝气有利于 N_2O 向大气传递，优化曝气效率对 N_2O 的排放产生积极影响。卡尔塔（Kartal）等（2011）通过研究发现，N_2O 不参与厌氧氨氧化代谢。然而，不平衡的氨氧化步骤和低碳氮比似乎仍会影响 N_2O，需要进一步评估一级和二级厌氧氨氧化系统的 N_2O 排放，并与传统工艺的 N_2O 排放进行对比分析（Hu et al., 2013）。

此外，N_2O 已成为一种能源，一方面它可以作为助氧化剂在甲烷燃烧过程中产生一定作用，另一方面它可以通过耦合好氧-缺氧亚硝酸分解的新技术（CANDO）在金属氧化物催化剂上分解为 N_2。研究表明，甲烷与 N_2O 的燃烧比传统的甲烷与氧气的燃烧产生的能量多 30%（Gao et al., 2014）：

$$CH_4 + 4N_2O \rightarrow CO_2 + 2H_2O(1) + 4N_2, \Delta H_{°R} = -1219 \text{ kJ/mol } CH_4$$

$$CH_4 + 2O_2 \rightarrow CO_2 + 2H_2O(1) + 4N_2, \Delta H_{°R} = -890 \text{ kJ/mol } CH_4 \quad (3-3)$$

然而，这个技术距离全面实施还很远，因为 CANDO 需要 N_2O 的累积，而 N_2O 是目前不受欢迎的副产物，并且当下很多措施都致力于尽量减少 N_2O 的产生。

3.3 厌氧消化工艺

通过回收再利用污水中的能量，可以降低污水处理厂的能源消耗，包括化学能（在连接污染物原子的键中获得）和热能（与污水的温度有关）。化学能可以通过 COD 估算，即 1 kg COD 包含 13.8% kJ 化学能。市政污水中的 COD 主要以溶解形式存在，并通过成熟的活性污泥法快速无机化。然而，在这种转化过程中，COD 及其势能几乎"损失"了 50%，主要损失的是 CO_2 和 H_2O，而剩余的 COD 则转化为微生物（活性污泥）。在这种情况下，依靠电力供应的传统污水处理厂损失了大量能量，导致污水中可获得的能量减少了一半。如果实施厌氧消化工艺，则这些能量可以被回收。一般，污水处理厂能耗可分为直接能耗和不可被回收的能源两种形式。

厌氧消化工艺在污水处理厂的应用通常仅限于污水和污泥的处理。污水厂的污泥通常是初沉污泥（含有污水的固体）和二级或活性污泥（含有二级处理过程中微生物的生物固体）的混合物。尽管该工艺稳定且成熟，但如何提高污水和污泥的降解性这个主要问题仍然存在。已有相关预处理方法（机械法、超声波法、化学法、加热和生物法）通过提高颗粒物水解过程的速率来提高厌氧生物的降解性（Stamatelatou et al., 2012）。除了提高沼气产量，预处理方法还可以提高消化污泥的脱水能力（Xu et al., 2011）。

虽然沼气产量的增加可能适当弥补采用预处理方法导致的成本增加，但仍然存在一些问题。因为沼气的最终用途（例如，用于热力和电力生产、作为车辆燃料或存储于天然气电网系统）和消化污泥的最终用途（作为土壤肥料、固体燃料或热解油燃料）等因素会影响厌氧消化工艺的经济性及环境友好性（Mills et al., 2014）。

在污水处理厂内建设沼气装置，可使用比污泥更多的原料（甘油、农业废弃物、能源作物、垃圾渗滤液、食物垃圾）进行共同消化，提高甲烷的产生潜力。卡瑞拉斯（Karellas）等（2010）提出的投资决策模型对此类沼气装置的经济性进行了评估，提出影响此类项目经济可行性的因素主要是各种原料的物理、化学特性，原料的可用性，工业产品的垃圾倾倒费和栽培生物质的成本支出，最终产品的市场价格，投资和运营成本及激励措施（如贷款、现有补贴补助等）。

回收污水中的化学能的方法是直接对污水进水进行厌氧消化。这种方法的主要难点是污水的有机负荷低（与其他原料相比）和水力流量高导致厌氧微生物流失。这种方法仅限于在气候温暖的国家使用，如巴西、哥伦比亚和印度，只有在这些国家的环境温度下，UASB 反应器才能发挥较好的作用，降解率可达到 70%～80%（Vieira et al., 1994; Campos et al., 2009）。但这种方法的稳定性存在一定问题，尤其是当进水污染物浓度上升且温度波动时。在约旦等干旱地区就存在这种情况，由于当地用水量有限，因此进水 COD 浓度可能高于 1000 mg/L，其中 70% 是颗粒物。通过膜技术（Lin et al., 2013），将污泥保留在消化池中或定期向 UASB 反应器中注入污泥消化池的产甲烷污泥有助于维持该方法的稳定性（Mahmoud et al., 2004）。厌氧膜生物反应器（AnMBR）虽然存在膜污染这个主要缺点，但已在低温低浓度污水处理领域取得进展。与传统厌氧消化器相比，AnMBR 具有的污泥停留时间长这个优点几乎可以完全保留缓慢生长的微生物，并使生物反应器的尺寸从 1/3 缩小到 1/5（Kanai et al., 2010）。研究表明，通过适当的控制和各种膜配置可以改善膜污染（Cho et al., 2013; Aslan & Saatci, 2014; Teo et al., 2014; Wu et al., 2016）。在任何情况下，污水的厌氧消化都应该与好氧步骤相结合。与传统的活性污泥法比较，这种方法可以在消耗能量更少的情况下（甚至降低 90%）达到所需的 COD 出水标准（Khan et al., 2011）。

为了提高污水中的沼气产量,可以浓缩有机物。在高 F/M 3～6 kg BOD/(kg MLSS·d)下,有机物可以吸附在污水中的微生物上形成聚集体,这些聚集体更容易被分离出来(Verstraete et al., 2009)。由于其富含有机物,因此这部分聚集体可直接用于厌氧消化过程。有机物预浓缩的其他技术包括膜过滤、动态过滤器过滤、气浮和在化学增强初级处理(CEPT)阶段通过添加金属盐或聚电解质进行混凝或絮凝。预浓缩和厌氧消化相结合的处理成本为 0.66～0.95 欧元/m^3。此外,据估算,若实现了污水资源的开发(水、热、氮和磷的回收,以及沼气产能和基于生物碳的消化污泥产能),则可以获得近 1 欧元/m^3 的利润(Verstraete & Vlaeminck, 2011)。这表明零成本的污水处理工艺是可实现的。

3.4 结论

人们越来越倾向于将污水视为一种能源和资源,而不是废弃物。为了回收或节约能源,污水处理行业正在研究新的技术。营养物质的回收和厌氧消化的科学进步是巨大的,尽管这些工艺最初看起来可能毫无意义,但现在证明是可行的。虽然最初人们对缓慢生长的细菌是否有能力全面除氮持怀疑态度,但由于厌氧氨氧化技术在曝气成本节省方面具有较大潜力,因此该技术引起了污水处理领域的极大关注。如今,许多污水处理厂的装置就是在厌氧氨氧化技术的基础上建立的。膜技术通过多种形式(例如,提高曝气效率,通过保留生物质来提高工艺性能,产生高质量的再生水等)为污水处理的经济性作出了贡献。厌氧消化工艺是污水处理的核心,但仍存在一些难点(例如,工艺的稳定性、膜污染等),并且基于传统工艺改造现有污水处理厂的成本可能很高。为了应对这些挑战,需要针对具体项目制定各自的解决方案。与现在常见的污水处理厂相比,未来的污水处理厂可能会在概念和设计方面有很大不同。

3.5 原著参考文献

Aslan M. and Saatçı Y. (2014). Impacts of different membrane module designs in anaerobic submerged membrane bioreactors. *CLEAN – Soil, Air, Water*, **42**(12), 1759–1764.

Blackburne R., Yuan Z. and Keller J. (2008a). Partial nitrification to nitrite using low dissolved oxygen concentration as the main selection factor. *Biodegradation*, **19**, 303–312.

Blackburne R., Yuan Z. and Keller J. (2008b). Demonstration of nitrogen removal via nitrite in a sequencing batch reactor treating domestic wastewater. *Water Research*, **42**(8–9), 2166–2176.

Campos J. R., Reali M. A. P., Rossetto R. and Sampaio J. (2009). A wastewater treatment plant composed of UASB reactors, activated sludge with DAF and UV disinfection, in series. *Water Practice and Technology*, **4**(1).

Cho S. K., Kim D. H., Jeong I. S., Shin H. S. and Oh S. E. (2013). Application of low-strength ultrasonication to the continuous anaerobic digestion processes: UASBr and dry digester. *Bioresource Technolody*, **141**, 167–173.

Daigger G. T. (2014). Oxygen and carbon requirements for biological nitrogen removal processes accomplishing nitrification, nitritation, and anammox. *Water Environment Research*, **86**(3), 204–209.

Desloover J., Vlaeminck S. E., Clauwaert P., Verstraete W. and Boon N. (2012). Strategies to mitigate N_2O emissions from biological nitrogen removal systems. *Current Opinion in Biotechnology*, **23**, 474–482.

Frison N., Katsou E., Malamis S., Bolzonella D. and Fatone F. (2013). Biological nutrients removal via nitrite from the supernatant of anaerobic co-digestion using a pilot-scale sequencing batch reactor operating under transient conditions. *Chemical Engineering Journal*, **230**, 595–604.

Gao H., Scherson Y. D. and Wells G. F. (2014). Towards energy neutral wastewater treatment: methodology and state of the art. *Environmental Sciences: Processes and Impacts*, **16**(6), 1223–1246.

Gilbert E. M., Agrawal S., Brunner F., Schwartz T., Horn H. and Lackner S. (2014). Response of different Nitrospira species to anoxic periods depends on operational DO. *Environmental Science Technology*, **48**(5), 2934–2941.

Gu S. B., Wang S. Y., Yang Q., Yang P. and Peng Y. Z. (2012). Start up partial nitrification at low temperature with a real-time control strategy based on blower frequency and pH. *Bioresource Technology*, **112**, 34–41.

Gustavsson D. J. I. (2010). Biological sludge liquor treatment at municipal wastewater treatment plants – a review. *Vatten*, **66**, 179–192.

Hao X. D., Heijnen J. J. and Van Loosdrecht M. C. M. (2002). Model based evaluation of temperature and inflow variations on a partial nitrification-anammox biofilm process. *Water Research*, **36**, 4839–4849.

He S., Niu Q., Ma H., Zhang Y. and Li Y. Y. (2015). The treatment performance and the bacteria preservation of anammox: a review. *Water, Air, and Soil Pollution*, **226**(5), s11270-015-2394-6.

Hellinga C., Schellen A. A. J. C., Mulder J. W., van Loosdrecht M. C. M. and Heijnen J. J. (1998). The Sharon® process: an innovative method for nitrogen removal from ammonium-rich waste water. *Water Science and Technology*, **37**, 135–142.

Hu Z., Lotti T., van Loosdrecht M. and Kartal B. (2013). Nitrogen removal with the anaerobic ammonium oxidation process. *Biotechnology Letters*, **35**(8), 1145–1154.

Jenni S., Vlaeminck S. E., Morgenroth E. and Udert K. M. (2014). Successful application of nitritation/anammox to wastewater with elevated organic carbon to ammonia ratios. *Water Research*, **49**, 316–326.

Jin R. C., Hu B. L., Zheng P., Qaisar M., Hu A. H. and Islam E. (2008). Quantitative comparison of stability of anammox process in different reactor configurations. *Bioresource Technology*, **99**, 1603–1609.

Kanai M., Ferre V., Wakahara S., Yamamoto T. and Moro M. (2010). A novel combination of methane fermentation and MBR – kubota submerged anaerobic membrane bioreactor process. *Desalination*, **250**, 964–967.

Karellas S., Boukis I. and Kontopoulos G. (2010). Development of an investment decision tool for biogas production from agricultural waste. *Renewable and Sustainable Energy Reviews*, **14**(4), 1273–1282.

Kartal B., Maalcke W. J., de Almeida N. M., Cirpus I., Gloerich J., Geerts W., den Camp H. J. M. O., Harhangi H. R., Janssen Megens E. M., Francoijs K. J., Stunnenberg H. G., Keltjens J. T., Jetten M. S. M. and Strous M. (2011). Molecular mechanism of anaerobic ammonium oxidation. *Nature*, **479**, 127–130.

Kartal B., De Almeida N. M., Maalcke W. J., Op den Camp H. J. M., Jetten M. S. M. and Keltjens J. T. (2013). How to make a living from anaerobic ammonium oxidation. *FEMS Microbiology Reviews*, **37**(3), 428–461.

Katsou E., Malamis S., Frison N. and Fatone F. (2015). Coupling the treatment of low strength anaerobic effluent with fermented biowaste for nutrient removal via nitrite. *Journal of Environmental Management*, **149**, 108–117.

Khan A. A., Gaur R. Z., Tyagi V. K., Khursheed A., Lew B., Mehrotra I. and Kazmi A. A. (2011). Sustainable options of post treatment of UASB effluent treating sewage: a review. *Resources Conservation and Recycling*, **55**, 1232–1251.

Kniebusch M. M., Wilderer P. A. and Behling R. D. (1990). Immobilisation of cells on gas permeable membranes. In: Physiology of Immobilised Cells, J. A. M. de Bont, J. Visser, B. Mattiasson and J. Tramper (eds), Elsevier Science, Amsterdam, The Netherlands, pp. 149–160.

Kumar M. and Lin J. G. (2010). Co-existence of anammox and denitrification for simultaneous nitrogen and carbon removal-Strategies and issues. *Journal of Hazardous Materials*, **178**(1–3), 1–9.

Lackner S., Gilbert E. M., Vlaeminck S. E., Joss A., Horn H. and van Loosdrecht M. C. M. (2014). Full-scale partial nitritation/anammox experiences: an application survey. *Water Research*, **55**, 292–303.

Lin H., Peng W., Zhang M., Chen J., Hong H. and Zhang Y. (2013). A review on anaerobic membrane bioreactors: applications, membrane fouling and future perspectives. *Desalination*, **314**, 169–188.

Liu S., Yang F., Xue Y., Gong Z., Chen H., Wang T. and Su Z. (2008). Evaluation of oxygen adaptation and identification of functional bacteria composition for anammox consortium in non-woven biological rotating contactor. *Bioresource Technology*, **99**(17), 8273–8279.

Lotti T., Kleerebezem R., Abelleira-Pereira J. M., Abbas B. and van Loosdrecht M. C. (2015). Faster through training: the anammox case. *Water Research*, **81**, 261–268.

Ma B., Wang S. Y., Cao S. B., Miao Y. Y., Jia F. X., Du R. and Peng Y. Z. (2016). Biological nitrogen removal from sewage via anammox: recent advances. *Bioresource Technology*, **200**, 981–990.

Mahmoud N., Zeeman G., Gijzen H. and Lettinga G. (2004). Anaerobic sewage treatment in a one-stage UASB reactor and a combined UASB-digester system. *Water Research*,

38(9), 2348–2358.

Malamis S., Katsou E., Di Fabio S., Bolzonella D. and Fatone F. (2014). Biological nutrients removal from the supernatant originating from the anaerobic digestion of the organic fraction of municipal solid waste. *Critical Reviews in Environmental Science and Technology*, **34**, 244–257.

Malamis S., Katsou E. and Fatone F. (2015). Integration of energy efficient processes in carbon and nutrient removal from sewage. In: Sewage Treatment Plants: Economic Evaluation of Innovative Technologies for Energy Efficiency, K. Stamatelatou and K. Tsagarakis (eds), IWA Publishing, London, UK.

McCarty P. L., Bae J. and Kim J. (2011). Domestic wastewater treatment as a net energy producer-can this be achieved? *Environmental Science and Technology*, **45**, 7100–7106.

Mills N., Pearce P., Farrow J., Thorpe R. B. and Kirkby N. F. (2014). Environmental & economic life cycle assessment of current & future sewage sludge to energy technologies. *Waste Management*, **34**, 185–195.

Nozhevnikova A. N., Simankova M. V. and Litti Y. V. (2012). Application of the microbial process of anaerobic ammonium oxidation (ANAMMOX) in biotechnological wastewater treatment. *Applied Biochemistry and Microbiology*, **48**(8), 667–684.

Pankhania M., Brindle K. and Stephenson T. (1999). Membrane aeration bioreactors for wastewater treatment: completely mixed and plug-flow operation. *Chemical Engineering Journal*, **73**, 131–136.

Rittmann B. E. and McCarty P. L. (2001). Environmental Biotechnology: Principles and Applications. Mc-Graw Hill, New York.

Shanahan J. W. and Semmens M. J. (2006). Influence of a nitrifying biofilm on local oxygen fluxes across a micro-porous flat sheet membrane. *Journal of Membrane Science*, **277**(1–2), 65–74.

Stamatelatou K., Antonopoulou G., Ntaikou I. and Lyberatos G. (2012). The effect of physical, chemical and biological pretreatments of biomass on its anaerobic digestibility and biogas production. In: Biogas Production: Pretreatment Methods in Anaerobic Digestion, Scrivener Publishing, USA.

Strous M., Heijnen J. J., Kuenen J. G. and Jetten M. S. M. (1998). The sequencing batch reactor as a powerful tool for the study of slowly growing anaerobic ammonium-oxidizing microorganisms. *Applied Microbiology and Biotechnology*, **50**(5), 589–596.

Sun H. W., Bai Y., Peng Y. Z., Xie H. G. and Shi X. N. (2013). Achieving nitrogen removal via nitrite pathway from urban landfill leachate using the synergetic inhibition of free ammonia and free nitrous acid on nitrifying bacteria activity. *Water Science and Technology*, **68**(9), 2035–2041.

Tchobanoglous G., Burton F. L. and Stensel H. D. (2003). Wastewater Engineering, Treatment and Reuse, 4th edn. Metcalf and Eddy Inc., McGraw Hill, New York.

Technical Bulletin 115 (2012). General Oxygen Requirements for Wastewater Treatment. Environmental Dynamics International.

Teo C. W. and Wong P. C. (2014). Enzyme augmentation of an anaerobic membrane bioreactor treating sewage containing organic particulates. *Water Research*, **48**(1), 335–344.

Terasaka K., Hirabayasshi A., Nishino T., Fujioka S. and Kobayashi D. (2011). Development of microbubble aerator for waste water treatment using aerobic activated sludge.

Chemical Engineering Science, **66**, 3172–3179.

Timberlake D. L., Strand S. E. and Williamson K. J. (1988). Combined aerobic heterotrophic oxidation, nitrification and denitrification in a permeable-support biofilm. *Water Research*, **22**(12), 1513–1517.

US EOPA (2013). Emerging Technologies for Wastewater Treatment and In-Plant Wet Weather Management, EPA-832-R-12-011, Washington, DC.

Vadivelu V. M., Keller J. and Yuan Z. (2007). Free ammonia and free nitrous acid inhibition on the anabolic and catabolic processes of Nitrosomonas and Nitrobacter. *Water Science and Technology*, **56**, 89–97.

Verstraete W. and Vlaeminck S. E. (2011). Zero waste water: short-cycling of wastewater resources for sustainable cities of the future. *International Journal of Sustainable Development & World Ecology*, **18**(3), 253–264.

Verstraete W., van de Caveye P. and Diamantis V. (2009). Maximum use of resources present in domestic 'used water'. *Bioresource Technology*, **100**, 5537–5545.

Vieira S. M. M., Carvalho J. L., Barijan F. P. O. and Rech C. M. (1994). Application of the UASB technology for sewage treatment in a small community at Sumare, Sao Paulo state. *Water Science and Technology*, **30**(12), 203–210.

Wang T., Zhang H. M., Gao D. W., Yang F. L. and Zhang G. Y. (2012). Comparison between MBR and SBR on anammox start-up process from the conventional activated sludge. *Bioresource Technology*, **122**, 78–82.

Wu P., Kwang Ng K., Andy Hong P., Yang P. and Lin C. (2016). Treatment of low-strength wastewater at mesophilic and psychrophilic conditions using immobilized anaerobic biomass. *Chemical Engineering Journal*, 10.1016/j.cej.2016.11.077

Xu H., He P., Yu G. and Shao L. (2011). Effect of ultrasonic pretreatment on anaerobic digestion and its sludge dewaterability. *Journal of Environmental Sciences*, **23**(9), 1472–1478.

Yamagiwa K. and Ohkawa A. (1994). Simultaneous organic carbon removal and nitrification by biofilm formed on oxygen enrichment membrane. *Journal of Chemical Engineering of Japan*, **27**, 638–643.

Zhu G., Peng Y., Li B., Guo J., Yang Q. and Wang S. (2008). Biological removal of nitrogen from wastewater. In: Reviews of Environmental Contamination and Toxicology, D. Whitacre (ed.), Vol. 192. Springer, New York, pp. 159–195.

第4章

污水和污泥的资源能源化再生利用及环境影响控制

4.1 概述

到2025年,预计全球60%的人口面临水资源短缺的问题(Pérez-González et al., 2012)。究其原因,首先是世界上约70%的淡水用于地表灌溉,有的国家甚至达到了90%(Pedrero et al., 2010; Vivaldi et al., 2013; Grattan et al., 2015),其次是人口增加和频繁抽取地下水。城市再生水回用于农业灌溉是减少干旱地区水资源短缺问题的有效方式之一,但有一定的风险,可能会导致食品污染、病原体感染(细菌、病毒、原生动物和蠕虫)、土壤盐渍化及重金属污染、各种未知成分污染和污染物的累积效应。目前,激素、内分泌干扰物及药物等新兴污染物也会对水体造成污染。各种污染物会在土壤与含水层中迁移聚集,并对农业生产和地下水产生不利影响(Kalavrouziotis et al., 2015; Elmeddahia et al., 2015)。

与污水有关的讨论热点还有市政污泥,包括市政污泥的处理处置和再生利用。尽管农业领域的专家已针对污水和污泥展开了大量调查,但关于其对作物的负面影响仍未有结论(Morgan et al., 2008; Hadipoura et al., 2015)。事实上,长期回用污泥可能会导致各种环境问题,甚至会造成作物营养物质失衡的问题。

市政污水中包含可溶性矿物质和可溶性有机物,它们的数量和性质取决于当地的基本条件和处理方式与程度(Henze, 2002; Sonune & Ghate, 2004; Daims et al., 2006)。由于含有Na、Ca、Mg、SO_4、HCO_3、Cl等,因此处理过的污水往往有一点咸味。处理过的污水含有丰富的氮、磷、钾等植物所需营养成分(Chang & Hao, 1996; Chien et al., 2009)及微量元素(Grattan et al., 2015),可为植物提供额外的营养物质,以促进其生长(Herpin et al., 2007),

但是含盐量过高会在植物根部聚积从而对其产生负面影响（Clara et al., 2005）。

研究的首要目的是了解不同灌溉水质与市政污泥成分对土壤化学性质的影响，并结合食品安全领域研究水质特性和食物成分之间的多重关系。

市政污泥（生物固体）的最终处置始终是市政工程中最困难、经济成本最高的项目之一（Tchobanoglous & Burton, 1991; Axelrad et al., 2010）。市政污泥成分复杂，需要针对其不同成分使用不同的处理方法。将污泥回用于农业是目前普遍采用的最实用、最根本的解决方法，主要优点有：为植物提供更多它们需要的营养素；供应基础营养素（如锌、铜、钼、硼和锰）；改善土壤物理性质，如土壤结构、持水能力及导水特性。无机肥料的过度使用导致耕地土壤有机质含量逐渐下降的问题已成为世界性难题。此外，南非、地中海和美国南部等地区的微生物对土壤有机质的分解作用加速了全球变暖的趋势，而土壤有机质含量的下降可能导致土壤物理结构恶化、侵蚀加速。

4.2 相关信息

市政污泥的来源和类型非常重要，它是调整污泥处理方式和分析潜在资源化利用的途径，也是进行经济分析的基础信息。

固体废弃物的循环利用见图 4-1，其对污泥问题的复杂性进行了直观阐释（Giménez et al., 2012）。污泥的成分非常复杂，需要运用不同的方法进行处理。例如，污泥中含有大量污水处理药剂的化学残留成分，比如，盐分在处理过程中，除了应进行固液分离，还应考虑如何将其与其他成分分离。

为了更好地处理污泥，需要将污泥中的主要成分进行分离（Sonune & Ghate, 2004; Sutherland, 2007），这种预处理方式能够使污泥更适宜进行后续的厌氧发酵。厌氧发酵阶段会产生沼气，污泥也会变成更利于被农业利用的沼渣（Chien et al., 2009）。

处理固体废弃物通常有几种方式。其中一种是主流方式，即厌氧消化，通过这种方式可产生清洁能源沼气（主要是甲烷与二氧化碳的混合物）（Baek & Pagilla, 2006; Schievano et al., 2008; Weiland, 2010; Ryckebosch et al., 2011）。其他处理方式有焚烧和热解，但这两种处理方式或多或少会留下一些残留物。除此之外，基于厌氧生物膜反应器的方式更先进（Elsayed et al., 2016; Zhen et al., 2016），产出的肥料不仅更清洁，而且富含氮营养物（Stellacci et al., 2016）。

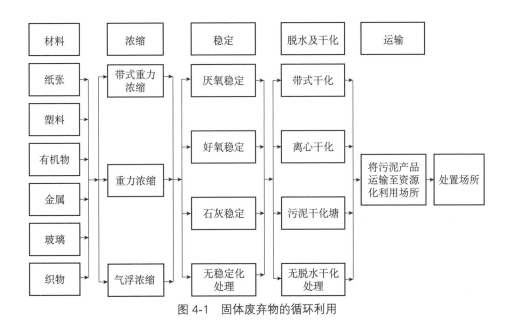

图 4-1 固体废弃物的循环利用

4.3 资源化利用途径

本章节重点关注固体废弃物的资源化利用，尤其是能源利用。大众普遍认为，固体废弃物的再生利用并不具备经济可行性，但固体废弃物通过厌氧或好氧处理后可用于能源再生、肥料产品和其他产品生产。在全球能源资源严重短缺和城市化进程不断加快的大背景下，人们对环境问题越来越重视，也越来越相信环境是现代生活不可分割的一部分。

4.4 沼气生产

厌氧消化处理过程的产物之一是沼气，它由甲烷（含量 65%～75%）、二氧化碳（含量 35%～25%）和少量硫氨混合物组成。由于硫会对金属管道产生腐蚀作用，因此需将其从沼气中去除。如果沼气中的氨含量偏高，则说明处理工艺出现了问题。将沼气中的二氧化碳去除后，提纯的甲烷有多种用途。厌氧消化处理过程有四个阶段，每个阶段都由对应的厌氧消化菌群完成。典型的厌氧消化菌群有中温厌氧消化菌群（35～38℃）和高温厌氧消化菌群（55～58℃）。在中温厌氧消化菌群下，工艺的选择比较艰难；究竟是选择产气量多、投资成本高的,还是选择产气量少、投资成本低的,这是个世界性难题,其他能源行业也常常面对这样的困境。

厌氧消化处理过程的四个阶段为水解阶段、酸化阶段、产乙酸阶段和产甲烷阶段。水解阶段,固态有机物被分解为两种化学单体,使之能与其他胞外聚合物连接。产甲烷阶段,特定菌种利用乙酸产生甲烷气体,二氧化碳和其他氧化物会对这个过程起负面作用,必须严格控制厌氧条件。产生的沼气热值约为 1000 BTU/ft^3（1ft=0.3048m）。厌氧消化处理过程示意图见图 4-2。

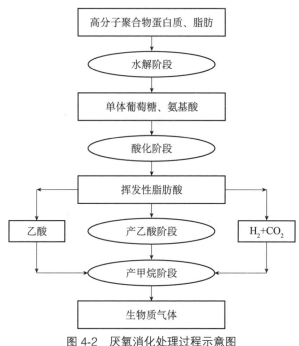

图 4-2　厌氧消化处理过程示意图

4.5　MBR 膜生物反应器

膜生物反应器结构紧凑,常用于废水处理（Wei et al., 2003; Sutherland, 2007）,通常在好氧条件下处理市政污水。厌氧 MBR 膜生物反应器工艺（见图 4-3）的膜组件为浸没式,超滤膜的孔径为 0.01μm（可允许水分子通过）。除浸没式 MBR 外,还有分体式 MBR,即膜在容器外部,便于清洗,但处理效率较低。

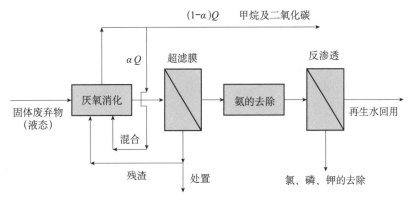

图 4-3　厌氧 MBR 膜生物反应器工艺流程图
（Q 为甲烷流量，单位为 m³/h，α 为比例）

市政污水处理采用厌氧消化工艺会产生沼气并发电，以此替代部分能源。目前，学者们正在研究这些方式带来的影响（Giménez et al., 2011）。

4.6　沼气的主要成分

产自污水的固体废弃物一般包含有机质和其他微量元素，其中，有机质是产生沼气的主要成分，更准确地说是总有机碳（TOC）和化学需氧量（COD），这些成分对沼气的产生速率有实质性的影响。沼气产生量在很大程度上取决于污泥成分和各成分的浓度。

4.7　结论

固体废弃物的再生利用其实很简单，途径也很多，如农业利用、建筑利用、能源再生。固体废弃物中的碳与含氧物（如氧气、空气、水蒸气、二氧化碳）会在超过 800℃的高温下发生气化反应，这个过程为放热反应，但仍需要一定热量启动。气化反应过程产生的气体产物是合成气体，含有一氧化碳、氢气和甲烷。由于成分复杂，因此合成气体的热值一般较低，其应用场景较多，针对具体的应用场景需要进行对应的成本效益分析。主要应用场景为：作为汽轮机燃料来源；作为化学品原材料。

同样，从中可以获得液态能源物质，如重油。重油可从原油中炼制而成，是固体废弃物循环利用的产物，主要在偏远地区使用。

很多因素都会影响甲烷产率，包括原泥泥质和处理方法。每产生 1 m³ 沼气需花费 0.2～0.3 美元，同时 1 kg COD 可以产生 0.3～0.4 m³ 沼气，1 m³ 沼气中的甲烷含量约为 0.75 m³。以上数据可以在技术经济分析中作为参考数据使用，尤其对于一些沼气产量较低的厂站更具有参考价值。

4.8 单位转换

$$1 \text{ BTU/ft}^3 = 8.9 \text{ kcal/m}^3 = 3.73 \times 10^4 \text{ J/m}^3 \quad (4\text{-}1)$$

$$1 \text{ BTU/lb} = 2326.1 \text{ J/kg} = 0.55556 \text{ kcal/kg} \quad (4\text{-}2)$$

4.9 原著参考文献

Axelrad G., Garshfeld T. and Feinerman E. (2010). Agricultural utilization of sewage sludge: economic, environmental and organizational aspects (in Hebrew). Final report, Hebrew University of Jerusalem, Faculty of Agriculture, Rechovot, p. 34.

Baek S. H. and Pagilla K. R. (2006). Aerobic and anaerobic membrane bioreactors for municipal wastewater treatment. *Water Environment Research*, **78**(2), 133–140.

Chan Y. J., Chong M. F., Law C. L. and Hassell D. (2009). A review on anaerobic–aerobic treatment of industrial and municipal wastewater. *Chemical Engineering Journal*, **155**(1), 1–18.

Chang C. H. and Hao O. J. (1996). Sequencing batch reactor system for nutrient removal: ORP and pH profiles. *Journal of Chemical Technology and Biotechnology*, **67**(1), 27–38.

Chien S., Prochnow L. and Cantarella H. (2009). Recent developments of fertilizer production and use to improve nutrient efficiency and minimize environmental impacts. *Advances in Agronomy*, **102**, 267–322.

Clara M., Kreuzinger N., Strenn B., Gans O. and Kroiss H. (2005). The solids retention time – a suitable design parameter to evaluate the capacity of wastewater treatment plants to remove micropollutants. *Water Research*, **39**(1), 97–106.

Daims H., Taylor M. W. and Wagner M. (2006). Wastewater treatment: a model system for microbial ecology. *Trends in Biotechnology*, **24**(11), 483–489.

Elmeddahia Y., Mahmoudib N., Issaadic A. and Goosend M. F. A. (2015). Analysis of treated wastewater and feasibility for reuse in irrigation: a case study from Chlef, Algeria. *Desalination and Water Treatment*, **57**(12), 5222–5231.

Elsayed M., Andres Y., Blel W., Gad A. and Ahmed A. K. (2016). Effect of VS organic loads and buckwheat husk on methane production by anaerobic co-digestion of primary sludge and wheat straw. *Energy Conversion and Management*, **117**, 538–547.

Giménez J. M., Borrás N., Ribes M. L., Seco J., Carretero A. and Gatti L. M. N. (2011). Submerged anaerobic membrane bioreactor (SAnMBR) for high sulphate municipal wastewater treatment. Assessment of COD mass balance and Methane yield coefficient.

Paper presented at the 6th specialist conference on membrane technology for water and wastewater treatment, 4–7 October 2011, Aachen Germany.

Grattan S. R., Díaz F. J., Pedrero F. and Vivaldi G. A. (2015). Assessing the suitability of saline wastewaters for irrigation of Citrus spp.: emphasis on boron and specific-ion interactions Agr. *Water Manage*, **15**, 48–58.

Hadipoura A., Rajaeeb T., Hadipoura V. and Seidiradb S. (2015). Multi-criteria decision-making model for wastewater reuse application: a case study from Iran. *Desalination and Water Treatment*, **57**(30), 13857–13864.

Henze M. (2002). Wastewater Treatment: Biological and Chemical Processes. Springer, Berlin, GER.

Herpin U., Gloaguen T. V., Da Fonseca A. F., Montes C. R., Mendonca F. C., Pivfli R. P., Breulmann G., Forti M. C. and Et Melfi A. J. (2007). Chemical effects on the soil-plant system in a secondary treated wastewater irrigated coffee plantation – a pilot field study in Brazil. *Agriculture and Water Management*, **89**, 105–115.

Kalavrouziotis I. K. and Koukoulakis P. H. (2011). Plant nutrition aspects under treated wastewater reuse management. *Water Air Soil Pollution*, **218**, 445–456.

Kalavrouziotis I. K., Kokkinos P., Oron G., Fatone F., Bolzonella D., Vatyliotou M., Fatta-Kassinos D., Koukoulakis P. H. and Varnavas S. P. (2013). Current status in wastewater treatment, reuse and research in some Mediterranean countries. *Desalination Water Treatment*, **53**(8), 2015–2030.

Morgan K. T., Wheaton T. A., Parsons L. R. and Castle W. S. (2008). Effects of reclaimed municipal waste water on horticultural characteristics, fruit quality, and soil and leaf mineral concentration of citrus. *HortScience*, **43**(2), 459–464.

Pedrero F., Kalavrouziotis I., Alarcon J. J., Koukoulakis P. and Asano T. (2010). Use of treated municipal wastewater in irrigated agriculture – review of some practices is Spain and Greece. *Agriculture and Water Management*, **97**, 1233–1241.

Pérez-González A., Urtiaga A. M., Ibáñez R. and Ortiz I. (2012). State of the art and review on the treatment technologies of water reverse osmosis concentrates-review article. *Water Research*, **46**(2), 267–283.

Ryckebosch E., Drouillon M. and Vervaeren H. (2011). Techniques for transformation of biogas to biomethane. *Biomass and Bioenergy*, **35**(5), 1633–1645.

Schievano A., Pognani M., D'Imporzano G. and Adani F. (2008). Predicting anaerobic biogasification potential of ingestates and digestates of a full-scale biogas plant using chemical and biological parameters. *Bioresource Technology*, **99**(17), 8112–8117.

Sonune A. and Ghate R. (2004). Developments in wastewater treatment methods. *Desalination*, **167**, 55–63.

Stellacci A. M., Castrignano A., Troccoli A., Basso B. and Buttafuoco G. (2016). Selecting optimal hyperspectral bands to discriminate nitrogen status in durum wheat: a comparison of statistical approaches. *Environmental Monitoring and Assessment* **188**(3), 1–15. art. No. 199.

Sutherland K. (2007). Water and sewage: the membrane bioreactor in sewage treatment. *Filtration & Separation*, **44**(7), 18–22.

Tchobanoglous G. and Burton F. L. (1991). Wastewater engineering Treatment and Reuse. McGraw–Hill, NY, Metcalf & Eddy Inc.

Vivaldi G. A., Camposeo S., Rubino P. and Lonigro A. (2013). Microbial impact of different

341 types of municipal wastewaters used to irrigate nectarines in Southern Italy. *Agriculture and Ecosystem Environment*, **181**, 50–57.

Wei Y., van Houten R. T., Borger A. R., Eikelboom D. H. and Fan Y. (2003). Comparison performances of membrane bioreactor and conventional activated sludge processes on sludge reduction induced by oligochaete. *Environmental Science & Technology*, **37**(14), 3171–3180.

Weiland P. (2010). Biogas production: current state and perspectives. *Applied Microbiology and Biotechnology*, **85**(4), 849–860.

Zhen G., Xueqin L. U., Kobayashi T., Kumar G. and Xu K. (2016). Anaerobic co-digestion on improving methane production from mixed microalgae (Scenedesmus sp., Chlorella sp.) and food waste: kinetic modeling and synergistic impact evaluation. *Chemical Engineering Journal*, **290**, 332–341.

第5章

利用人工湿地系统去除药品和个人护理产品的污水处理及管理

5.1 概述

药品和个人护理产品（PPCPs）的广泛应用，加上传统污水处理厂（例如，采用活性污泥法工艺）对这些污染物的去除率较低，导致这些污染物普遍存在于我们的日常生活中。尽管PPCPs在环境中的浓度较低（ng/L～μg/L），但是这些污染物长期存在于污水处理厂的出水中，仍然会影响水质及生态平衡，甚至影响饮用水（Verlicchi et al., 2012; Verlicchi & Zambello, 2014）。为了排除PPCPs的潜在环境风险，去除残留在污水中的这些物质，需要选择低成本、高效率的污水处理技术（Klavarioti et al., 2009）。

人工湿地（CWs）因建设成本较低、运维简单、环境友好等独特优势而越来越受欢迎，可以作为常规污染物（例如，悬浮物、BOD_5、氮、磷、重金属、微生物细菌等）去除的替代方法。近几年，人工湿地凭其独特优势而使用显著增多。事实证明，人工湿地不仅可以有效地去除污水中的传统污染物，还可以有效地去除各种有机微污染物，包括难以被生物降解的有机外源性化合物（例如，PPCPs）（Zhi & Li, 2012; Zhang et al., 2014）。这种去除PPCPs的低成本技术的巨大潜力已被多项研究证实（Li et al., 2014; Zhang et al., 2014; Verlicchi & Zambello, 2014; Ávila & García, 2015）。马塔莫罗斯（Matamoros）与萨尔瓦多（Salvado）（2012）的研究表明，对于某些PPCPs来说，利用人工湿地作为三级处理系统的处理效果与深度处理系统相同。

5.2 人工湿地的设计和种类

本质上，一个人工湿地就是一个小型的半水生生态系统，其中存在大量不同的微生物群落增殖和各种物理化学反应。从技术角度看，人工湿地是一种工程系统，旨在利用湿地中自然发生的许多过程进行优化以提高污水的处理效率（Vymazal, 2005; Wu et al., 2015）。

人工湿地基于不同的水文模型有多种多样的设计（Kadlec & Wallace, 2009）。通常，人工湿地根据水文（开放水域表面流和地下流）和大型植物生长类型（挺水植物、沉水植物、浮水植物）以湿地的水流路径分为表流（FWS）湿地和潜流（SSF）湿地，其中，潜流（SSF）湿地可以进一步细分为垂直流（VF）和水平流（HF）（Fonder & Headley, 2013; Valipour & Ahn, 2016）。在某些情况下，单一类型的人工湿地可能无法高效地去除PPCPs，这时两种类型组合的湿地系统，如VF-HF、HF-VF、HF-FWS及FWS-HF等混合类型的人工湿地常应用于污水处理，从而可以有效地利用各类型人工湿地的特定优势（Vymazal, 2005）。此外，采用三种或多种类型的人工湿地组合可以提高PPCPs的去除率（Kadlec & Wallace, 2009; Vymazal, 2014; Ávila & García, 2015）。

5.3 利用人工湿地去除PPCPs的机制

以水生植物为基础的系统，如人工湿地，其复杂的物理化学和生物过程可能同时发生，包括吸附、生物降解、植物吸收、累积和转运，以及水解和光解等（Hijosa-Valsero et al., 2010a; Verlicchi & Zambello, 2014）。在这些过程中，前5个是PPCPs的主要去除机制，其他的可在一定程度上发挥作用。此外，设计和运维的相关因素，如运行模式（序批或者连续运行）、植被土壤特征（例如，土壤有机质的组成、氧化还原电位、温度、pH值、离子强度、阳离子和阴离子等）、滤床深度、植物种类、有机负荷和水力负荷率及湿地配置等都会影响PPCPs的去除程度和湿地功能的耐久度。相应地，PPCPs的去除率与其物理化学参数有关，包括水溶性、辛醇和水的分配系数（K_{ow}）、解离常数（K_a）、土壤吸附系数（K_{oc}）、蒸气压等。例如，已经过证明的疏水性PPCPs，如具有高 K_{ow} 对数值的疏水性香料（如 K_{ow} 对数值为4.016的佳乐麝香和 K_{ow} 对数值为3.933的吐纳麝香）可能较容易被人工湿地吸附，并且因为难以被生物降解而造成湿地内的累积较多。同样，大部分研究表明，卡马西平等难降解药物也可以通过湿地系统的吸附作用从污水中去除（Matamoros et al., 2005, 2008a, b）。另外，较强亲水性或中等亲水性的PPCPs（K_{ow} 对数值为 2.3～3）不易被人工湿地中的沉积物或天然有机物吸附，这类物质的去除主要依靠具有特定物理化学性质的工艺（García et al., 2010）。除了化合物的疏水特性，中性和带电物质的弱范德华相互作用及电子给体受体的相互作用对于吸附机制也很重要。分子具有复杂性，吸附机制很难仅与一个参数（K_{OW}、D_{OW}、K_d）相关，PPCPs 的去除效果取决于多个参数（Verlicchi & Zambello, 2015）。

除了吸附机制，生物转化是人工湿地系统中 PPCPs 去除的另一个重要机制。尽管这个机制很重要，但到目前为止仍缺乏人工湿地系统基于生物转化机制去除 PPCPs 的数据，仅有少数研究间接证明 PPCPs 可生物降解的途径（Onesios et al., 2009）。此外，大部分研究分析的是母体化合物的去除，缺乏对于代谢产物的研究，而这些代谢产物可能是持久性的，并且可能具有生态毒理效应。关于这个主题，马塔莫罗斯（Matamoros）等开展了有意义的研究。该研究是以水平流潜流人工湿地系统中两种主要布洛芬生物转化产物为基础进行的，包括羧基布洛芬（CA-IBP）和羟基布洛芬（OH-IBP），评估了好氧和厌氧途径对布洛芬生物降解的贡献程度。结果表明，两种生物转化产物都只贡献了降解 IBP 的 5%，表明这些代谢物的累积可以忽略不计，这可能与它们的形成动力学相似有关（Matamoros et al., 2008a）。同样，阿维拉（Ávila）等评估了各种 PPCPs 的去除情况，并研究了潜流型人工湿地系统中这些污染物的生物转化产物，初步确定 4-羟基-DCF 是双氯芬酸降解的代谢物，并发现 4-羟基-DCF 相对于其母体化合物（双氯芬酸）的面积来说，相对丰度较低（Ávila et al., 2013）。

植物对 PPCPs 的吸收主要受其在土壤根系中生物利用度的控制。一般而言，植物内 PPCPs 的吸收和传输的驱动机制是蒸腾作用（Dodgen et al., 2015），而 PPCPs 的特性在这个过程中起至关重要的作用（Wu et al., 2015）。到目前为止，影响植物从土壤中吸收 PPCPs 的因素尚不清楚，关于这方面的专业研究也较少。例如，霍林（Holling）等人研究发现种植基质中溶解性有机物的存在可能是决定 PPCPs 在土壤-植物系统吸收、传输和生物降解有效性的关键因素之一（Holling et al., 2012）。同样，戈德斯坦（Goldstein）等人近期的研究表明，在有机质和黏土含量低的土壤中种植的作物更容易吸收和累积 PPCPs（Goldstein et al., 2014）。总而言之，因缺乏调研，故进一步加强关于 PPCPs 对土壤-植物系统的影响研究非常有必要，这样可以得出更准确的结论。

经过植物吸收，PPCPs 可能会部分或完全降解，或者被代谢、转化为毒性较低的化合物，并以不可利用的形式聚合在植物中。它们在植物中的分布取决于化合物的物理化学性质。一般而言，对于不可电离的化合物，K_{ow} 对数值在 1～4 范围的化合物吸收率最高。如果化合物在生理过程相关的 pH 值范围内发生解离，那么会影响其吸收速度和程度，以及辛醇-水分布系数（D_{ow} 对数值），因此 pH 值必须与 K_{ow} 对数值同步考虑（Agüera & Lambropoulou, 2016）。最近的几项研究记录了植物对 PPCPs 的吸收和传输情况。研究发现，许多 PPCPs 如麝香和药物（氟喹诺酮类、磺胺类、四环素类、抗炎药和其他药物）可以被植物吸收（Wu et al., 2015）。例如，埃根（Eggen）等（2011）的研究表明，胡萝卜和大麦可以吸收二甲双胍、环丙沙星和甲基盐霉素，对于所有目标化合物，其根部的浓度因子（RCF）高于相应叶片的浓度因子（LCF）。对于所有目标植物，二甲双胍的吸收量均高于环丙沙星和甲基盐霉素，表明根部（RCF 2-10）和叶片（LCF 0.1-1.5）的生物蓄积模式普遍较高（Agüera & Lambropoulou, 2016）。最近，吴（Wu）等（2013）将营养液环境中 20 种常见 PPCPs 在 4 种蔬菜（生菜、菠菜、黄瓜和辣椒）中的累积情况进行比较，发现蔬菜能够吸收较多 PPCPs。然而，在测试的化合物中观察到蔬菜根部对 PPCPs 的吸收和之后的传输存在显著差异。例如，三氯卡班、氟西汀、三氯生和安定在根部累积较多，而甲丙氨酯、扑米酮、卡马西平、苯妥英和敌草隆则在叶片和茎中累积较多。

与生物转化类似，目前关于水生植物系统中 PPCPs 的光降解研究较少。据作者所知，仅少数学者（Llorens et al., 2009; Matamoros et al., 2008b; Matamoros et al., 2012a; Anderson et al., 2013）开展过相关系统调查。伦斯（Llorens）等（2009）通过研究认为，因为阳光直接照射水面，因此光降解是人工湿地的测试系统中去除双氯芬酸和酮洛芬的最合理的机制。同样，马塔莫罗斯（Matamoros）等（2012a）基于中型生态实验对光降解去除极性微污染物中的作用进行了系统研究，表明除了在暗室反应器中没有去除效果，双氯芬酸和三氯生的浓度在所有反应器中均下降得非常快。同时，该研究通过对照实验发现，双氯芬酸和三氯生在未种植水生植物的反应器中比种植了浮萍的反应器中的平均浓度低，因为在后面这种情况下，植物的高覆盖率可能会阻挡光辐射，从而阻碍测试化合物的光降解。安德森（Anderson）等（2013）通过研究指出，在测试的人工湿地系统中，光降解对去除磺胺甲噁唑和磺胺吡啶有重要作用。

5.4 人工湿地对 PPCPs 的去除率

2000 年末至 2010 年初，研究人员开始尝试评估人工湿地对污水中 PPCPs 的去除情况（Spain: Matamoros et al., 2005, 2006, 2007a, 2008a,b; Portugal: Dordio et al., 2007; USA: Conkle et al., 2008）。之后，世界各地陆续报道了多项关于人工湿地方面的研究，大多数是综述性文章（Li et al., 2014; Zhang et al., 2014; Verlicchi & Zambello, 2014）。人工湿地去除污水中 PPCPs 的应用情况见表 5-1。

大量研究文献表明，由单一湿地组合形成的几个不同规模的系统（微型、小型、中型规模、工程化应用规模等）已被应用于污水中的药物去除（Verlicchi & Zambello, 2014）。但是，经过对处理过程中潜在协同作用的分析，以评估混合系统内不同湿地类型对 PPCPs 去除效果的相关研究较少（Matamoros & Salvadó, 2012; Ávila et al., 2015）。大部分关于污水处理的研究对象是城市生活污水（二级处理后或深度处理后）或综合城市废水。当利用人工湿地去除二级处理后的尾水中的 PPCPs 时，常采用中型规模的湿地系统，很少采用小型规模的湿地系统，而当利用人工湿地处理深度处理后的尾水时，情况则相反。污水中最常用于研究的药物化合物是镇痛剂或抗炎药、抗生素、β 受体阻滞剂、抗糖尿病药、抗真菌药、激素抑制剂、利尿剂、脂质调节剂、精神药物、受体拮抗剂和兽药等。在个人护理产品中，研究最广泛的主要是抗菌剂三氯生和三氯卡班。相关研究的平均去除率显示，PPCPs 的去除可分为高去除率（＞70%）、中等去除率（50%～70%）、低去除率（20%～50%）和几乎不去除（＜20%）（Li et al., 2014; Zhang et al., 2014b; Verlicchi & Zambello, 2014）。高去除率的化合物主要包括双氯芬酸、布洛芬、酮洛芬、环丙沙星、土霉素、纳多洛尔、恩诺沙星、可替宁阿替洛尔和三氯生。萘普生的去除率为中等。而低去除率的化合物主要是磺胺甲噁唑、氯贝酸、莫能菌素、萘啶、盐霉素和卡马西平。值得注意的是，多数研究显示，人工湿地系统对 PPCPs 的去除率与污水处理厂接近，由此人工湿地被认为是有前景的污水二级处理方法（Li et al., 2014; Zhang et al., 2014）。

人工湿地去除 PPCPs 的设计与运行参数如下：人工湿地去除 PPCPs 的效

表 5-1 人工湿地去除污水中 PPCPs 的应用情况

PPCPs（31 种）	使用场景	规模	人工湿地运行			原著参考文献
			人工湿地类型	植物类型	水力停留时间（HRT）(d)	
抗生素、抗癫痫药、消炎药（非甾体抗炎药）、抗菌剂、抗凝剂、受体阻滞剂、造影剂、利尿类药物、纤维类活性药物（脂质调节剂）、止痛药和精神活性药物（兴奋剂）（布洛芬、酮洛芬、萘普生、双氯芬酸、水杨酸、咖啡因、卡马西平、二氢茉莉酸甲酯、佳乐麝香和吐纳麝香）及 8 种 TPs（脱水红霉素、莫能菌素、克拉霉素、白霉素、磺胺甲恶唑、甲氧苄氨嘧啶、磺胺甲嘧啶和磺胺嘧啶）	城市污水，捷克	大规模应用	HF	生长初期和生长盛期的芦苇	6.3～11.6	Vymazal et al., 2017
	城市污水，西班牙	中等规模应用	FM、FW、SF、SSF	窄叶香蒲、芦苇	29.1～71.1	Hijosa–Valsero et al., 2016
	本地污水，中国	中等规模应用	SF、HF、VF	再力花、鸢尾	20 cm/d*	Chen et al., 2016
吡喹酮	农场污水，捷克共和国	大规模应用	混合湿地	芦苇	15.7	Marsik et al., 2017
卡马西平	城市污水，墨西哥	中等规模应用	混合湿地	宽叶香蒲、西伯利亚鸢尾和马蹄莲	—	Tejeda et al., 2017

第 5 章 利用人工湿地系统去除药品和个人护理产品的污水处理及管理

续表

PPCPs（31 种）	使用场景	规模	人工湿地类型	植物类型	水力停留时间（HRT）(d)	原著参考文献
布洛芬、双氯芬酸、对乙酰氨基酚、吐纳麝香、氧苯酮、三氯生、双酚A、炔雌醇	城市污水，西班牙	中等规模应用	混合湿地	香蒲属、石松属、假鸢尾、泥苔草、香附属和灯心草属	<0.5～2.3	Ávila et al., 2015
恩诺沙星、四环素	畜牧业污水	小规模应用	混合湿地	芦苇	7	Fernandes et al., 2015

注：1. FM—浮水植物型湿地；FW—人工自由水面湿地；SF—表流人工湿地；SSF—潜流人工湿地；VF—垂直潜流人工湿地；HF—水平潜流人工湿地；FWS—人工自由水面湿地。
2. *水力负荷 (HLRs)。

果会受到多种参数的影响,如植物种类、季节、系统配置、运行模式和流量负荷情况等。

考虑到人工湿地有不同的组合方式,水平潜流人工湿地单独或组合系统(与湖、塘、表流人工湿地或其他水平潜流人工湿地组合)一直是基于水生植物去除 PPCPs 的最常用的方式(Zhang et al., 2014)。与表流人工湿地系统相比,水平潜流人工湿地系统对双氯芬酸、磺胺甲噁唑、克拉霉素和卡马西平的去除率接近,但对布洛芬和阿莫西林的去除率较低。水平潜流人工湿地系统对一些镇痛剂或抗炎药(酮洛芬、萘普生、水杨酸)和抗生素药物(磺胺二甲氧嘧啶、多西环素、甲氧苄氨嘧啶、莫能菌素、甲基盐霉素和盐霉素)的去除率更高。此外,与人工自由水面湿地系统相比,水平潜流人工湿地系统对萘普生、双氯芬酸、卡马西平和双氢茉莉酸甲酯的去除效果更好,人工自由水面湿地系统对上述 PPCPs 的去除率分别为 56%、0%、24% 和 82%,水平潜流人工湿地系统对上述 PPCPs 的去除率分别为 83%、38%、40% 和 98%(Hijosa-Valsero et al., 2010b)。

虽然关于垂直潜流人工湿地系统的研究较少(Matamoros et al., 2007; Matamoros et al., 2009a),但相比其他配置的人工湿地系统,垂直潜流人工湿地系统似乎对镇痛剂或抗炎药(双氯芬酸、布洛芬、萘普生和水杨酸)的去除更有效、更可靠,这可能与垂直潜流人工湿地系统对过载条件的敏感度低、水力停留时间较短及在不饱和流中的充氧效果较好有关。研究表明,混合人工湿地系统对对乙酰氨基酚、布洛芬、萘普生双氯芬酸和磺胺甲噁唑的去除率更高,而对水杨酸、酮洛芬和卡马西平的去除率较低(Li et al., 2014)。

水力载荷和水力停留时间(HRT)是人工湿地去除 PPCPs 成功与否的关键。一般而言,HRT 取决于人工湿地的类型,通常为 1～15 d。例如,垂直潜流人工湿地系统的 HRT 为 1～2 d,水平潜流人工湿地系统的 HRT 为 2～4 d,表流人工湿地系统的 HRT 为 2～6 d,混合人工湿地系统的 HRT 为 2～15 d。在各种不同的 HRT 情况下,相关研究调查了序批式和连续式的人工湿地运行模式。较长的 HRT 使得污染物与污水的相互作用更充分。研究表明,人工湿地系统去除污染物最有效的 HRT 通常为 4～15 d(Metcalf & Eddy, 1991)。基于皮尔森(Pearson)相关分析的结果,布洛芬、萘普生和双氯芬酸等药物的去除率与 HRT 存在显著($p < 0.05$)线性相关关系(Zhang et al., 2014)。此外,卡马西平和氯贝酸在人工湿地中均被归类为顽固性化合物,去除率较低,与 HRT 没有显著相关性($p > 0.05$)。此外,令人意外的是,尽管水杨酸在人工湿地系统中可以被有效地去除，但没有观察到这类化合物的去除率与HRT存在相关关系（Zhang et al., 2012a）。

关于植被，其对人工湿地系统中污染物的去除具有一定效果已非常明确，但植物的选择是影响人工湿地运行效果的重要因素之一。植物物种在生长速度、根系形态、根系分泌物及氧气转移等方面存在差异，这为植物物种的微生物群落特征提供了研究空间。此外，微生物群落对外源污染物非常敏感，这可能是PPCPs在人工湿地系统中被生物降解的另一个重要影响因素。人工湿地的植物和微生物群落在功能上是相互联系、相互依赖、相互影响的。许多大型植物物种已被应用于人工湿地中去除PPCPs。其中，应用最普遍的是香蒲和芦苇类，其他植物如西伯利亚鸢尾和马蹄莲、灯芯草、天山泽芹等也有一定应用。目前，关于PPCPs对不同植物种植条件下的细菌群落的影响及人工湿地中微生物去除机制的研究很少（Zhao et al., 2015）。

由于起到支撑作用的基质或材料可以支持大型植物和微生物的生长，并促使其发生一系列化学和物理反应，因此基质或材料在人工湿地系统中也很重要。因为污染物的吸附对于污水处理具有重要作用，所以材料的选择对于去除不可生物降解的PPCPs尤其重要。以往的研究已充分证明砂砾和其他材料（如石头、熔岩、火山岩、沸石、土壤或红土、沙质土壤和沙质黏壤土）可以为植物和微生物的生长提供保障，而且它们体现出了很高的去除PPCPs的能力（Li et al., 2014; Zhang et al., 2014）。

5.5 未来的问题及建议

研究表明，人工湿地有助于去除污水中的PPCPs。尽管该领域的研究进展很快，但相关信息不足，还有一些问题需要进一步解决。

总之，各种人工湿地系统对PPCPs去除效果的相关数据很少，今后的研究需要进一步深入，以便更全面地了解不同类型人工湿地系统去除PPCPs的效果。

考虑到目前的研究成果仅限于欧美国家特定种类的PPCPs去除情况，今后的工作重点是了解世界各地人工湿地系统去除PPCPs的效果。

到目前为止，研究都是基于特定条件的实验系统得出的。尽管实验室和中试可以为人工湿地去除PPCPs的建模提供必要的数据，但由于影响人工湿地环境效果的因素很复杂，因此需要全面系统地进行现场分析，研究填充介质、植物种类、污水类型、系统设计和环境参数等对人工湿地去除 PPCPs 效果的影响。大多数研究是在单一人工湿地系统中开展的，混合人工湿地系统去除 PPCPs 的效果和其去除过程仍需进一步探索。

迄今为止，仅有少数植物如香蒲、芦苇等对 PPCPs 去除有报道，研究人员还需要调研其他湿地植物物种去除 PPCPs 的能力，尤其是那些受到 PPCPs 污染的天然湿地系统中的植物。此外，PPCPs 对于不同植物类型中细菌群落的影响仍不清楚，需要进一步研究。

5.6 致谢

感谢欧洲科学与技术合作（COST）为本章内容的编写提供 ES1403 NEREUS "废水再利用的新挑战和机遇"行动相关研究成果。

5.7 原著参考文献

Agüera A. and Lambropoulou D. (2016). New challenges for the analytical evaluation of reclaimed water and reuse applications. *Handbook of Environmental Chemistry*, **44**, 7–47.

Anderson J. C., Carlson J. C., Low J. E., Challis J. K., Wong C. S., Knapp C. W. and Hanson M. L. (2013). Performance of a constructed wetland in Grand Marais, Manitoba, Canada: removal of nutrients, pharmaceuticals, and antibiotic resistance genes from municipal wastewater. *Chemistry Central Journal*, **7**, 1–15.

Ávila C. and García J. (2015). Pharmaceuticals and Personal Care Products (PPCPs) in the environment and their removal from wastewater through constructed wetlands. *Comprehensive Analytical Chemistry*, **67**, 195–244.

Ávila C., Reyes C., Bayona J. M. and García J. (2013). Emerging organic contaminant removal depending on primary treatment and operational strategy in horizontal subsurface flow constructed wetlands: influence of redox. *Water Research*, **47**, 315–325.

Ávila C., Bayona J. M., Martín I., Salas J. J. and García J. (2015). Emerging organic contaminant removal in a full-scale hybrid constructed wetland system for wastewater treatment and reuse. *Ecological Engineering*, **80**, 108–116.

Chen J., Ying G.-G., Wei X.-D., Liu Y.-S., Liu S.-S., Hu, L.-X., He, L.-Y., Chen Z.-F., Chen F.-R. and Yang Y.-Q. (2016). Removal of antibiotics and antibiotic resistance genes from domestic sewage by constructed wetlands: effect of flow configuration and plant species. *Science of the Total Environment*, **571**, 974–982.

Conkle J. L., White J. R. and Metcalfe C. D. (2008). Reduction of pharmaceutically active compounds by a lagoon wetland wastewater treatment system in southeast Louisiana. *Chemosphere*, **73**, 1741–8.

Dodgen L. K., Ueda A., Wu, X., Parker D. R. and Gan J. (2015). Effect of transpiration on plant accumulation and translocation of PPCP/EDCs. *Environmental Pollution*, **198**, 144–153.

Dordio A. V., Teimão J., Ramalho I., Carvalho A. J. P. and Candeias A. J. E. (2007). Selection of a support matrix for the removal of some phenoxyacetic compounds in constructed wetlands systems. *Science of the Total Environment*, **380**(1–3), 237–246.

Eggen T., Asp T. N., Grave K. and Hormazabal V. (2011). Uptake and translocation of metformin, ciprofloxacin and narasin in forage- and crop plants. *Chemosphere*, **85**(1), 26–33.

Fernandes J. P., Almeida C. M. R., Pereira A. C., Ribeiro I. L., Reis I., Carvalho P., Basto M. C. P. and Mucha A. P. (2015). Microbial community dynamics associated with veterinary antibiotics removal in constructed wetlands microcosms. *Bioresource Technology*, **182**, 26–33.

Fonder N. and Headley T. (2013). The taxonomy of treatment wetlands: a proposed classification and nomenclature system. *Ecological Engineering*, **51**, 203–11.

García J., Rousseau D. P. L., Morató J., Lesage E., Matamoros V. and Bayona J. M. (2010). Contaminant removal processes in subsurface-flow constructed wetlands: a review. *Critical Reviews in Environmental Science and Technology*, **40**, 561–661.

Goldstein M., Shenker M. and Chefetz B. (2014). Insights into the uptake processes of wastewater-borne pharmaceuticals by vegetables. *Environmental Science & Technology*, **48**, 5593–5600.

Hijosa-Valsero M., Matamoros V., Martín-Villacorta J., Bécares E. and Bayona J. M. (2010a). Assessment of full-scale natural systems for the removal of PPCPs from wastewater in small communities. *Water Research*, **44**, 1429–1439.

Hijosa-Valsero M., Matamoros V., Sidrach-Cardona R., Martín-Villacorta J., Bécares E. and Bayona J. M. (2010b). Comprehensive assessment of the design configuration of constructed wetlands for the removal of pharmaceuticals andpersonal care products from urban wastewaters. *Water Research*, **44**, 3669–3678.

Hijosa-Valsero M., Reyes-Contreras C., Domínguez C., Bécares E. and Bayona J. M. (2016). Behaviour of pharmaceuticals and personal care products in constructed wetland compartments: influent, effluent, pore water, substrate and plant roots. *Chemosphere*, **145**, 508–517.

Holling C. S., Bailey J. L., Heuvel B. V. and Kinney C. A. (2012). Uptake of human pharmaceuticals and personal care products by cabbage (Brassica campestris) from fortified andbiosolids-amended soils. *Journal of Environment Monitoring*, **14**, 3029–3036.

Kadlec R. H. and Wallace S. (2009). Treatment Wetlands, 2nd edn. CRC Press, New York.

Klavarioti M., Mantzavinos D. and Kassinos D. (2009). Removal of residual pharmaceuticals from aqueous systems by advanced oxidation processes. *Environment International*, **35**(2), 402–417.

Li Y., Zhu G., Ng W. J. and Tan S. K. (2014). A review on removing pharmaceutical contaminants from wastewater by constructed wetlands: design, performance and mechanism. *Science of the Total Environment*, **468–469**, 908–32.

Llorens E., Matamoros V., Domingo V., Bayona J. M. and García J. (2009). Water quality improvement in a full-scale tertiary constructed wetland: effects on conventional and specific organic contaminants. *Science of the Total Environment*, **407**, 2517–24.

Marsik P., Podlipna R. and Vanek T. (2017). Study of praziquantel phytoremediation and transformation and its removal in constructed wetland. *Journal of Hazardous Materials*, **323**, 394–399.

Matamoros V. and Bayona J. M. (2006). Elimination of pharmaceuticals and personal care products in subsurface flow constructed wetlands. *Environmental Science & Technology*, **40**, 5811–5816.

Matamoros V. and Salvadó V. (2012). Evaluation of the seasonal performance of a water reclamation pond-constructed wetland system for removing emerging contaminants. *Chemosphere*, **86**, 111–117.

Matamoros V., García J. and Bayona J. M. (2005). Behavior of selected pharmaceuticals in subsurface flow constructed wetlands: a pilot-scale study. *Environmental Science & Technology*, **39**, 5449–5454.

Matamoros V., Arias C., Brix H. and Bayona J. M. (2007). Removal of pharmaceuticals and personal care products (PPCPs) from urban wastewater in a pilot vertical flow constructed wetland and a sand filter. *Environmental Science & Technology*, **41**, 8171–8177.

Matamoros V., Caselles-Osorio A., García J. and Bayona J. M. (2008a). Behaviour of pharmaceutical products and biodegradation intermediates in horizontal subsurface flow constructed wetland. A microcosm experiment. *Science of the Total Environment*, **394**, 171–176.

Matamoros V., García J. and Bayona J. M. (2008b). Organic micropollutant removal in a full-scale surface flow constructed wetland fed with secondary effluent. *Water Research*, **42**, 653–660.

Matamoros V., Arias C., Brix H. and Bayona J. M. (2009). Preliminary screening of small-scale domestic wastewater treatment systems for removal of pharmaceutical and personal care products. *Water Research*, **43**, 55–62.

Matamoros V., Nguyen L. X., Arias C. A., Salvadó V. and Brix H. (2012). Evaluation of aquatic plants for removing polar microcontaminants: a microcosm experiment. *Chemosphere*, **88**, 1257–1264.

Metcalf, Eddy (1991). Wastewater Engineering: Treatment, Disposal and Reuse, 3rd edn. McGraw Hill, New York, p. 1334.

Onesios K. M., Yu J. T. and Bouwer E. J. (2009). Biodegradation and removal of pharmaceuticals and personal care products in treatment systems: a review. *Biodegradation*, **20**, 441–466.

Tejeda A., Torres-Bojorges Á. X. and Zurita F. (2017). Carbamazepine removal in three pilot-scale hybrid wetlands planted with ornamental species. *Ecological Engineering*, **98**, 410–417.

Valipour A. and Ahn Y.-H. (2016). Constructed wetlands as sustainable ecotechnologies in decentralization practices: a review. *Environmental Science and Pollution Research*, **23**(1), 180–197.

Verlicchi P. and Zambello E. (2014). How efficient are constructed wetlands in removing pharmaceuticals from untreated and treated urban wastewaters? A review. *Science of the Total Environment*, **470–471**, 1281–1306.

Verlicchi P. and Zambello E. (2015). Pharmaceuticals and personal care products in untreated and treated sewage sludge: occurrence and environmental risk in the case of application on soil – a critical review. *Science of the Total Environment*, **538**, 750–767.

Verlicchi P., Al Aukidy M. and Zambello E. (2012). Occurrence of pharmaceutical compounds in urban wastewater: removal, mass load and environmental risk after a secondary treatment – a review. *Science of the Total Environment*, **429**, 123–155.

Vymazal J. (2005). Horizontal sub-surface flow and hybrid constructed wetlands systems for wastewater treatment. *Ecological Engineering*, **25**, 478–90.

Vymazal J. (2014). Constructed wetlands for treatment of industrial wastewaters: a review. *Ecological Engineering*, **73**, 724–751.

Vymazal J., Březinová T. D., Koželuh M. and Kule L. (2017). Occurrence and removal of pharmaceuticals in four full-scale constructed wetlands in the Czech Republic – the first year of monitoring. *Ecological Engineering*, **98**, 354–364.

Wu H., Zhang J., Ngo H. H., Guo W., Hu Z., Liang S., Fan J. and Liu H. (2015). A review on the sustainability of constructed wetlands for wastewater treatment: design and operation. *Bioresource Technology*, **175**, 594–601.

Wu X. Q., Ernst F., Conkle J. L. and Gan J. (2013). Comparative uptake and translocation of pharmaceutical and personal care products (PPCPs) by common vegetables. *Environment International*, **60**, 15–22.

Zhang D. Q., Gersberg R. M., Hua T., Zhu J., Tuan N. A. and Tan S. K. (2012). Pharmaceutical removal in tropical subsurface flow constructed wetlands at varying hydraulic loading rates. *Chemosphere*, **87**, 273–277.

Zhang D. Q., Jinadasa K. B. S. N., Gersberg R. M., Liu Y., Ng W. J. and Tan S. K. (2014). Application of constructed wetlands for wastewater treatment in developing countries – a review of recent developments (2000–2013). *Journal of Environmental Management*, **141**, 116–131.

Zhao C., Xie H., Xu J., Xu X., Zhang J., Hu Z., Liu C., Liang S., Wang Q. and Wang J. (2015). Bacterial community variation and microbial mechanism of triclosan (TCS) removal by constructed wetlands with different types of plants. *Science of the Total Environment*, **505**, 633–639.

Zhi W. and Ji G. (2012). Constructed wetlands, 1991–2011: a review of research development, current trends, and future directions. *Science of the Total Environment*, **441**, 19–27.

第6章

污水和污泥在农业利用过程中的重金属交互作用

6.1 研究污水中各元素相互作用和生物固体农业利用的必要性

许多国家面临日益严重的灌溉用水短缺问题,这严重危及干热气候地区现代农业生产的可持续性,人们不得不寻求可替代的灌溉水源以满足植物对水的需求,从而实现农作物产量最大化。

处理达标的城市污水(TMWW)不仅可以作为灌溉水源,还可以通过资源化利用防止污水排放到河流、湖泊、海洋等地表水体中,从而最大限度减少环境污染,并节省更多淡水资源以供生活和工业生产使用。此外,使用处理过的城市污水进行农作物灌溉还能增加土壤养分。随着污水处理技术的提高,出水品质变得更好,处理过的城市污水在部分地区越来越受青睐。

处理过的城市污水是营养物质的载体。例如,污水中的氮和磷元素的平均浓度分别为 10 mg/L 和 20 mg/L,回用 1000 m^3 的城市污水可以使土壤中的氮元素增加 0.0 kg/hm^2,P$_2$O$_5$ 增加 45.8 kg/hm^2(Pescod,1992)。事实上,这样的氮磷比不仅可以满足农作物的最大营养需求,有时甚至会超过农作物的实际营养需求。从长远看,大量的养分和重金属可能会在土壤和地下水中累积,在一定条件下还会对植物产生毒性。

世界人口的逐年增长伴随着灌溉农业的增长,干旱和半干旱气候国家的农作物灌溉用水需求量也随之增加。处理过的城市污水回用于农业逐渐成为常规方式,如近东地区、中国、印度和巴西等(Kalavrouziotis et al., 2008)。世界人口不断地增长,使得粮食需求量进一步增加,灌溉水短缺的问题会更严重。据估计,50 个国家共有 (20 × 10^6) hm^2(约占总灌溉土地的 10%)的农作物使用未经处理或半稀释的污水进行灌溉(联合国世界卫生组织《水资源开发报告》,2003)。

本章节旨在研究重金属与宏量元素和微量元素之间的相互作用，以及污水再生利用中重金属对土壤和植物的影响。

6.2 污水回用

随着时间的推移，人类必须对现代农业和居民生产生活产生的副产物进行有效管理，因为这些副产物可能会导致生态系统紊乱，对地球产生巨大影响。土壤被认为是去除此类副产物的理想受体，而处理过的城市污水进行土地利用是一个极具前景的办法。然而，处理过的城市污水虽然具有植物生长所需的养分，但也携带了大量的重金属、有机质、药物和农用化学品残留物，随着污水的长期回用，这些污染物可能会在土壤中累积，并通过植物进入食物链。

6.3 土壤-植物系统中各元素相互作用

尽管处理过的城市污水是极具前景的农业灌溉水源，但其重金属含量可能存在较大的超标风险，会引起环境问题。各元素相互作用产生的负面效应对土壤和植物的负面影响尚未得到重视。十年前，世界卫生组织采纳了我们发表的关于重金属相互作用的研究成果（Drakatos et al., 2002; Kalavrouziotis & Drakatos, 2002），并将论文的相关内容纳入"污水、排泄物和灰水安全再生利用指南"（WHO, 2006）。

在污水、土壤和植物中，营养元素和重金属之间会产生相互作用，元素之间的相互作用也影响土壤的物理化学和生物性质。在处理过的城市污水的影响下，这些相互作用可能会加剧，频率和强度也会增加（Kalavrouziotis et al., 2008）。元素相互作用十分重要，可能与土壤肥力、植物生产力、最佳作物生长和产量及环境质量息息相关。

植物根系在吸收养分的同时也会吸收重金属。这些重金属不仅有助于植物生长，而且会与土壤-植物系统相互作用，不断地改变植物营养状况和土壤肥效（Kalavrouziotis&Koukoulakis, 2009）。养分和重金属在植物根系的吸收和传输过程中相互作用并竞争植物中的结合位点（Kalavrouziotis&Koukoulakis, 2009; Marschner, 2002）。当一种元素的影响增加时，其他元素的影响会随之增加或降低。影响增加表明元素间有协同作用，影响降低表明元素间有拮抗作用。然而，目前我们对元素相互作用的认知十分有限，多数情况下很难直接量化其影响。学者们也在尝试定义元素的作用关系：将协同作用定义为一种离子对另一种离子的植物吸收过程产生的促进作用（Robson&Pitman，1983）；也有学者将其定义为多种离子共同在土壤、植物根系吸收、营养物质运输过程中产生的积极影响（Marschner，2002）。

然而，目前对协同作用的机理认知仍不够深入。事实上，学者们只阐释了少数情况下的微观机理。当土壤中相互作用的元素含量低于植物体内正常生长所需量时，协同作用对植物生长的影响可能更显著（Marschner，2002）。拮抗作用是指必需营养元素和重金属在土壤-植物系统中的竞争。因此，某种特定营养元素或重金属的含量过高可能会导致另一种营养元素或重金属的含量降低。这种相互作用可能发生在土壤、根界面或植物内部（Kalavrouziotis&Koukoulakis，2009）。例如，植物根系对土壤溶液中一种元素的吸收可通过以下方式影响另一种元素的吸收：减少或增加吸收位点；竞争吸收位点；与吸收代谢的控制因子相互作用，如电子传递系统的"ATP 酶"（Robson&Pitman，1983）。

植物内部发生的相互作用可能会通过损害营养元素向功能部位的输送增加或减少营养元素的功能和功能位点来影响营养元素的利用。营养元素或重金属的相互作用可通过至少三种方式影响另一种营养元素或重金属在植物内部的分布：通过沉淀阻碍营养元素或重金属的传输；使营养元素无法进入韧皮部，将营养元素固定在老叶中，阻碍营养元素向幼叶输送；改变营养元素在植物叶片中的分布（Robson&Pitman，1983）。根据已有研究成果，与功能相关的相互作用可能通过以下方式发生：通过一种营养元素与另一种营养元素在功能位点的竞争，使之与活性位点结合；通过一种营养元素替代另一种营养元素；通过一种营养元素吸收或代谢另一种营养元素。

植物中各元素之间的拮抗作用或竞争作用有时是由于离子从外部溶液（土壤溶液）转移到细胞质的过程中，与细胞膜的转运位点结合产生的（Marschner，2002）。在结合位点，具有相同电荷的离子之间会产生拮抗作用。这种竞争是基于"结合位点的数量比竞争离子的数量少，或质子梯度不够的假设（或两者同时不足）"。这种竞争发生在有相似物理化学性质（即价态和直径）的离子之间（Marschner，2002）。

与植物养分之间拮抗作用有关的过程包括：由于相互作用的元素促进生

长，因此导致其他参与元素的作用减弱；以肥料形式添加的阳离子对营养元素吸收产生抑制作用；磷诱导某元素的高需求量（如芽中的锌元素），以及在高磷水平下，由于根内元素（如 Zn）生理失活，抑制元素从根向芽的运输过程（Bolan et al., 2005）。土壤中离子元素拮抗作用的过程包括沉淀、吸附和氧化还原反应（Bolan et al., 2005；Adriano, 2001）。当一种离子的加入增强了另一种元素的沉淀或难溶化合物的溶解时，土壤中的离子之间就会发生相互作用（Robson&Pitman, 1983）。一些微量元素（阳离子）可以通过与阴离子反应在土壤中沉淀。镉、铅和锌与磷元素形成金属磷酸盐沉淀是磷元素固定化的主要途径（Bolan et al., 2005）。由于这些磷酸盐化合物在 pH 值范围很广的情况下均不可溶，因此沉淀被认为是改善污染土壤中微量金属含量的有效方法。通常，这些沉淀物会形成羟基矿物质（Adriano, 2001）。土壤中的沉淀是一个可以控制金属含量的方法，例如，Cd 以 $CdCO_3$ 和 $Cd(PO_4)_2$ 的形式沉淀，以控制 Cd 浓度高时的溶解度。值得注意的是，Cd 在活性较高的时候易沉淀（McBride, 1980）。

6.3.1 元素相互作用的影响因素

土壤或植物中各元素相互作用会受诸多因素影响，如 pH 值、土壤矿物、营养元素和金属浓度、植物基因型等。以上因素或其他与植物生长有关的未知因素都可能干扰元素相互作用。这也是元素相互作用不是静态的，而始终处于动态的原因。在这些影响因素中，最重要的是那些影响土壤元素和重金属有效性的因素，浓度的变化可能会影响元素间相互作用的强度。

为了充分发挥元素相互作用，必须增加其中一种相互作用元素的浓度，以提高另一种元素的协同作用或拮抗作用。

由于各种物理化学性质和植物因素的影响，元素相互作用是连续的且不断变化的。这些影响包括土壤反应，各种外加物质如处理过的城市污水回用，黏土矿物，$CaCO_3$ 的存在，有机物，植物基因型，氧化还原电位（Eh），植物生长阶段（Rengel&Robinson, 1990），等等。

重金属的吸附也会显著影响元素相互作用，这种影响对于特定吸附更明显，原因为土壤中可能发生两种类型的吸附。

1. 物理吸附

由于黏土表面的 pH 值依赖永久电荷的非特异性静电吸附，吸附的阳离子可以在黏土表面进行可逆交换。土壤的阳离子交换容量（CEC）促进了这种类型的吸附。例如，Cu 吸附在硅酸盐黏土层、Fe、Mn 和 Al 氧化物及有机物的表面（Adriano，2001）。事实上，这种物理吸附过程是可逆的，被吸附的金属很容易参与各元素相互作用，虽然它们不像自由离子那么容易。

2. 特定吸附

特定吸附又名化学吸附或表面络合，通常会通过键合在依赖于 pH 值的可变带电表面上或者与有机物的官能团络合，这种类型的吸附是特异性的。与物理吸附相比，其有更强的不可逆性。据报道，矿物磷灰石根据 pH 值特征选择性地吸收痕量金属（Chen et al.，1997）。Zn、Cd、Sr、Ni 和 Cu 可吸附在羟基磷灰石的表面（Misra et al.，1975）。由于这种类型的吸附是不可逆的，被吸附（固定）的金属不能参与各元素相互作用的过程，因此被化学吸附（固定）的金属缺乏化学活性，不像可交换金属那样具有较高的化学和生物活性（Kashem et al.，2007）。这也意味着化学吸附不利于各金属元素相互作用。

与相互作用有关的其他因素是土壤的氧化还原电位。还原和氧化反应对应得到或失去电子。这些氧化还原反应在土壤中不断地发生。透水性良好的土壤容易发生氧化反应，而通气性差的土壤容易发生还原反应。土壤氧化还原状态会影响溶解度，从而影响某些营养元素和重金属的可生物利用性。Cr、Mn 和 Fe 是对土壤中氧化还原电位变化非常敏感的金属。影响氧化还原状态的主要因素是 pH 值和土壤温度。例如，在排水良好的水稻田中（高氧化态），Cd 的溶解度很高。而在水稻生长的早期，土壤是潮湿状态（即高还原态）时，Cd 的可利用性较差。在土壤排水良好的条件下，由于 Cd 具有植物吸收的竞争优势，因此 Fe 和 Mn 的可利用度可能会变低（Adriano，2001）。

6.3.2 处理过的城市污水作用下各元素相互作用

处理过的城市污水被视为"非常规水资源"。污水的再生利用关系人类的健康和环境的质量，需要更复杂的管理体系（Pescod，1992），而且使用再生水灌溉农作物时必须特别注意（世界卫生组织，1989）。通常，处理过的城市污水由 99.9% 的水组成，剩余部分是由有机化合物和无机化合物组成的可溶性固体，这些化合物含有大量的营养物质、有机物和重金属（Kalavrouziotis et al., 2009; Kabata-Pendias, 2011）。

6.3.3 污水作用下土壤和植物中各元素相互作用

处理过的城市污水是营养元素和重金属的来源（Pescod，1992），随着污水再生利用进入土壤，溶液中的重金属以各种离子形式（阴离子和阳离子）存在，大部分会与有机物结合，或以络合形式存在，其生物利用度取决于有机物的矿化程度及金属螯合物的溶解度，离子形态更易于参与元素相互作用过程（Kalavrouziotis et al., 2009）。发生相互作用要求其中一种元素的浓度逐渐增加，与另一种元素相互作用。溶液中相互作用元素浓度的增加对于强化元素相互作用非常重要（Kalavrouziotis et al., 2008）。

1. 土壤中的各元素相互作用

土壤中各重金属之间具有相互作用，而且会与宏量元素、微量元素和土壤物理和化学性质相互作用。土壤中数百种元素相互作用会促进或抑制土壤肥力，并影响植物生长。一般情况下，处理过的城市污水或污泥会增加相互作用发生的种数（Kalavrouziotis et al., 2008）。据估计，至少有 392 种元素相互作用只会在土壤中发生。

种植西蓝花的土壤中各元素相互作用种数见表 6-1，其分别对第一次和第三次采样土壤进行分析。可以看出，两次采样分别发生了 34 种和 40 种相互作用，大多数是协同作用，这表明处理过的城市污水为土壤提供了必需的宏量元素、微量元素和重金属。

表 6-1　种植西蓝花的土壤中各元素相互作用种数
（Kalavrouziotis et al., 2008）

相互作用类型	处理过的城市污水作用下相互作用种数	
	第一次土壤取样	第三次土壤取样
协同作用	23	24
拮抗作用	11	3
协同-拮抗作用	0	1
拮抗-协同作用	0	12
总计	34	40

注：第一次土壤采样是实验开始的时间，第三次土壤采样是实验结束的时间。

2. 植物中的各元素相互作用

处理过的城市污水作用下的植物对元素相互作用的响应是可逆的。这个结论是基于对芽甘蓝的研究得到的（见表 6-2）（Kalavrouziotis et al., 2009）。

（1）共发生协同作用 92 种。

（2）共发生拮抗作用 62 种。

（3）共发生元素相互作用 177 种。

（4）发生在根的协同作用高于叶和芽，分别为 47 种、40 种和 5 种。

（5）根和叶中的拮抗作用种数基本相同，分别为 31 种和 30 种，芽中只有 1 种拮抗作用。

综上所述，芽甘蓝各植物器官发生元素相互作用的种数按以下顺序分布：根＞叶＞芽。

上述植物器官中各元素相互作用种数特征与重金属在植物器官中的累积浓度特征一致。也就是说，重金属在植物中的分布也在发生相应变化，即根中的重金属浓度较高，叶中的重金属浓度较低，植物可食用部分的重金属浓度最低。这个结论与已有的研究结果一致（NRC，1996）。从表 6-2 可知，植物可食用部分只有 9 种元素相互作用。在处理过的城市污水作用下，芽甘蓝中共有 177 种元素相互作用，其中，90 种发生在根部，78 种发生在叶部，且大多数相互作用是协同作用，主要发生在重金属和必需元素之间。这个结果表明植物可食用部分的重金属累积浓度最低。

表 6-2 在处理过的城市污水作用下，芽甘蓝的根、叶、芽中各元素相互作用
（Kalavrouziotis & Koukoulakis, 2009）

相互作用类型	处理过的城市污水作用下相互作用种数			
	根	叶	芽	总计
协同作用	47	40	5	92
拮抗作用	31	30	1	62
协同-拮抗作用	4	5	0	9
拮抗-协同作用	8	3	3	14
总计	90	78	9	177

对处理过的城市污水作用下的球芽甘蓝和花椰菜中发生的元素相互作用总数进行对比（见表 6-3），发现大部分相互作用发生在球芽甘蓝中，即 177 种，而在西蓝花中只有 91 种。这个结果表明，植物中普遍发生的各元素相互作用似乎对物种有一定依赖性。

表 6-3　处理过的城市污水作用下的芽甘蓝和西蓝花中各元素相互作用总数
（Kalavrouziotis et al., 2009）

相互作用类型	蔬菜种类	处理过的城市污水相互作用种数
协同作用	芽甘蓝	95
	西蓝花	43
拮抗作用	芽甘蓝	61
	西蓝花	23
协同-拮抗作用	芽甘蓝	7
	西蓝花	9
拮抗-协同作用	芽甘蓝	14
	西蓝花	16
总计	芽甘蓝	177
	西蓝花	91

6.3.4　通过各元素相互作用对元素贡献的量化

霍格华兹（Koukoulakis）等（2013）对卡拉夫鲁齐奥蒂斯（Kalavrouziotis）等（2010）研究出的元素贡献的计算方法进行了修订，采用元素贡献百分比（PEC）定量分析元素相互作用过程中必需元素和重金属元素的贡献。该方法使得定量评估元素相互作用对土壤和植物的贡献成为现实。通过量化分析阐明了元素相互作用对植物和土壤的重要性。这种影响可以是积极的，也可以是消极的。例如，增加或减少元素浓度可能会导致植物营养不良，从而使得植物产量显著降低，在极端情况下，甚至可能导致植物死亡。例如，Mn、Zn、Fe、Cu 和 Ni 等营养元素会对花椰菜头（西蓝花可食用部分）产生积极影响，Cd 和 Co 则对其产生不利影响，Pb 的影响在统计学上不显著。除 Co 外，其他金属对根部的贡献最大。Mn、Zn、Ni 和 Pb 对植物叶片的贡献率为负，Fe、Cu、Cd 和 Co 对植物叶片的贡献率为正。然而，除 Co 外，其他所有金属对植物根部的贡献率都为正，Co 的贡献率在统计学上不显著（见表 6-4）。

表 6-4　处理过的城市污水作用下，中宏量元素、微量元素和重金属元素对芽甘蓝和西蓝花的根、叶、头部的元素贡献百分比
（Kalavrouziotis et al., 2009）

重金属种类	根	叶	头部
	元素贡献百分比（%）		
Mn	67.72	-47.61	81.46
Zn	63.22	-1.10	23.55
Fe	21.06	79.76	72.93
Cu	56.30	5.07	19.05
Cd	37.09	28.57	-64.81
Co	—	63.52	-99.05
Ni	18.29	-68.00	80.71
Pb	74.64	-38.35	—

该研究表明，元素相互作用对土壤和植物来说非常重要，并提供了一种不依赖土壤溶液或土壤交换容量提供养分的重要方法——通过营养元素的自然作用机制为植物提供必需的可利用的营养元素。

6.3.5　元素相互作用阐明重金属对植物生长的促进作用

通常情况下，重金属是植物生长的非必需元素（Adriano，2001），但根据文献，某些时候，重金属对植物生长有促进作用。大量研究表明，部分重金属在浓度低时对植物生长有促进作用（Bollard，1983）。

到目前为止，重金属的促进原理仍没有得到合理解释。已有的关于元素对土壤和植物贡献的量化研究可用来解释部分有毒重金属在植物生长过程中，作为植物生长必需元素，对植物生长偶然发挥的促进作用（Kalavrouziotis&Koukoulakis，2011）。

6.4　结论

在处理过的城市污水作用下，土壤和植物中会发生多种类型的元素相互作用，从统计方面看，大部分是显著的，这些相互作用对土壤肥力、土壤和植物的生产力有很大影响。它们可能为植物或土壤提供必需的植物养分和少量

重金属，也可能会减少植物的植物养分，甚至导致其营养匮乏。元素相互作用贡献的量化结果表明，大量的必需元素或重金属（占总生物可利用元素的0%～100%）在土壤中累积或被植物吸收。鉴于它们的重要性，有必要对元素相互作用进行深入研究，进而使其充分发挥有利作用。

6.5 原著参考文献

Adriano D. C. (2001). Trace Elements in Terrestrial Environments. Biogeochemistry, Bioavailability and Risk of Metals, 2nd edn. Springer, New York, pp. 278–279.

Bolan N., Adriano D. C., Naidu R., De La Luz Mora M. and Santiago M. (2005). Phosphorus trace elements in soil plant systems. In: Phosphorus Agriculture and the Environment, J. T. Sims and Sharpley A. N. (eds), Agronomy Monograph no 46, ASA, SSSA, Madison WI, pp. 317–350.

Bollard E. G. (1983). Involvement of unusual elements in plant growth and nutrition. In: Encyclopedia of Plant Physiology, New Series Volume 15B, A. Pirson and M. H. Zimmermann (eds), Springer-Verlag, Berlin.

Chen X. B., Wright J. V. and Conca J. L. (1997). Effects of pH on heavy metals sorption on mineral apatite. *Environmental Science & Technology*, **31**, 624–631.

Drakatos P. A., Kalavrouziotis I. K., Hortis Th C., Varnavas S. P., Drakatos P. S., Bladenopoulou S. and Fanariotou I. N. (2002). Antagonistic action of Fe and Mn in Mediterranean type plants irrigated with wastewater effluents, following Biological treatment. *International Journal of Environmental Studies*, **59**(1), 125–132.64.

Kabata-Pendias A. (2011). Trace Element in Soils and Plants. CRC Press, Boca Raton.

Kalavrouziotis I. K. and Drakatos P. A. (2002). Irrigation of certain mediterranean plans with heavy metals. *Intern Environment and Pollution*, **18**(3), 294–30.

Kalavrouziotis I. K. and Koukouakis P. H. (2009). Distribution of elemental interactions in Brussels sprouts, under the treated municipal wastewater, plant interactions. *Taylor and Francis Journal*, **4**(3), 219–231.

Kalavrouziotis I. K. and Koukoulakis P. H. (2011). Plant nutrition aspects under treated wastewater management. *Water Air Soil Pollution* **218**, 445–456.

Kalavrouziotis I. K., Koukoulakis P. H., Robolas P., Papadopoulos A. H. and Pantazis V. (2008). Interrelationships of heavy metals macro, and micronutrients, and properties of soil cultivated with *Brassica oleracea* var Italica (Broccoli) under the effect of treated municipal wastewater. *Water Air and Soil Pollution*, **190**, 309–321.

Kalavrouziotis I. K., Koukoulakis P. H. and Mehra. (2010). Quantification of elemental interaction effects on Brussels sprouts under treated municipal wastewater. *Desalination*, **254**, 6–11.

Kashem M. A., Singh B. R. and Kawal S. (2007). Mobility and distribution of cadmium, nickel and zinc in contaminated soil profiles from Bangladesh. *Nutrient Cycling Agroecosystems*, **77**, 187–198.

Koukoulakis P. H., Chatzissavvidis C., Papadopoulos A. and Pontikis D. (2013). Interactions between leaf macronutrients- micronutrients and soil properties in pistachio (*Pistachio vera*, L.) orchards. *Acta Botanica Croatica*, **72**(2), 295–310.

Marschner H. (2002). Mineral Nutrition of Higher Plants, 2nd edn. Academic Press, Maryland, USA. An Elsevier Science Imprint p. 4, 2027–2417.

McBride M. B. (1980). Chemisorption of Cd^{2+} on calcite surface. *Soil Science Society of America Journal*, **44**, 26–28.

Misra D. N., Bowen R. L. and Wallace B. M. (1975). Adhesive bonding of various materials to hard tooth tissues. Nickel and copper ion-exchange and surface nucleation. *Journal of Colloids and Interface Science*, **5**, 36–43.

Pescod M. B. (1992). Wastewater treatment and use in agriculture. FAO irrigation and drainage paper 47, pp. 1–20, Rome.

Rengel Z. and Robinson D. L. (1990). Modelling Magnesium uptake from an acid soil. I. Nutrient relationships at soil root interface. *Soil Science of the Society of American Journal*, **54**(3), 785–791.

Robson A. D. and Pitman M. G. (1983). Interactions between nutrients in the higher plants. In: Encyclopedia of Plant Physiology, New Series Volume 15A, A. Lauchli and R. L. Bieleski (eds), Springer-Verlag, pp. 147–180.

UN World Water Development Report (2003). World Water Forum. UN Water, United Nations Inter-Agency Mechanism on all fresh water related issues including Sanitation UN Publications.

WHO (1989). Health guidelines for the use of wastewater in agriculture and aquaculture, Technical Report Series 778, Geneva.

第 7 章

处理过的污水和污泥中的微塑料和合成纤维

7.1 环境中的微塑料和合成纤维

2009 年，联合国环境规划署发布了一份关于海洋环境状况的评估报告（包括社会经济方面）。该报告讨论了海洋废弃物方面的问题，并列出了海洋废弃物的海域和陆地污染源清单。"污水处理和合流管溢流"是联合国环境规划署（2009）列出的 8 个主要陆地污染源之一。海洋污染科学问题联合专家组（2010）报告了联合国环境规划署总结的 8 个主要陆地污染源，并增加了"海上污水污泥倾倒场"这个陆地污染源。该报告还指出，微塑料颗粒伴随废弃物排放而进入生态系统，以污水污泥和直接排放的微颗粒（如家用和个人护理产品中的磨砂和磨料、喷砂处理的船体和工业清洁产品、研磨或铣削废料）为例，这些废弃物可以通过污水处理系统直接排入下水道。此外，报告中建议优先考虑塑料来源，如沿海和陆地，尤其是污水处理、河流输入和航运区域。沿河的废水排放也是重要的点源（Arthur&Baker，2011），估算这些系统的贡献是量化输入的关键。本章介绍了微塑料和合成纤维与污水处理厂（WWTP）之间的相互作用关系，微塑料释放到环境中的案例研究、影响分析和有效的解决措施，提出了污水处理厂可能是微塑料主要来源的观点。

7.2 微塑料和合成纤维的定义

微塑料是一种聚合材料，通常指尺寸为 1～5 mm 的塑料颗粒（GESAMP，2015）。在本书中，微塑料特指尺寸为 0.3～5 mm（肉眼可见）的塑料颗粒，合成纤维是指肉眼几乎看不见的塑料纤维。微塑料可分为一次微塑料和二次微塑料。一次微塑料是有特定用途的聚合物原材料和人造颗粒，可以通过离散点源，如工厂、污水系统释放一部分。二次微塑料是由较大塑料物品破碎和风化产生的。

个人护理产品中的微塑料是与污水关系最大的微塑料类型。新西兰的一项研究对德国、韩国、法国和泰国生产的 4 个品牌的个人护理产品的微塑料进行了测试，发现所有品牌的洗面奶中的微塑料呈现各种不规则形状。洗面奶中的微塑料大小不同，大于 1mm 的较少，小于 0.5mm 的居多。4 个品牌中，有 3 个品牌的洗面奶中的微塑料小于 0.1mm。除了微塑料，所有品牌的洗面奶中都含有有色材料，大多数不是塑料成分，但有的形状与微塑料相似（Fendall & Sewell，2009）。

合成纤维如尼龙、腈纶、涤纶和氨纶被广泛应用于不同的物品制造中，如服装、地毯、室内装饰和其他材料。洗涤合成纺织品的污水会携带合成纤维一同排放到污水系统中。由于合成纤维不易分解，因此它们会在污水污泥中富集，并和出水一起排放（Habib et al., 1998）。通过对家用洗衣机污水的采样分析，发现每洗一件衣服会产生超过 1900 根纤维（Browne et al., 2011）。

美国《清洁水法》旨在限制工业企业的特定工艺废水排放至公共污水处理厂（POTs）。这些标准是根据 40 CFR 中的类别列表制定的。其中一个类别即 40 CFR 414，包括有机化学品、塑料和合成纤维（Tchobanoglous et al., 2015）。

7.3 污水处理厂

传统污水处理厂中的固体和污泥的来源为（Metcalff & Eddy, 1991）：格栅产生的粗粒固体、除砂和预曝气产生的粗粒和浮渣、初沉池产生的初沉污泥和浮渣、生物处理产生的悬浮物、二沉池产生的剩余污泥和浮渣、堆肥产物和污泥处理设施产生的灰渣。微塑料和合成纤维在以上所有类型的固体废弃物中都可以找到。如果微塑料是由比水重的塑料组成的，则可以在砂砾中找到；如果微塑料是由比水轻的塑料组成的，则可以在浮渣中找到；如果微塑料被絮凝剂沉降，则可以在活性污泥或化学沉淀剂中找到。此外，如果其他材料堵塞滤网，则可以筛分出微塑料（Duis & Coors, 2016）。

7.3.1 排水管网系统

在污水处理厂中有两个可能出现微塑料的途径。一个途径比较直接，人类将固体废弃物扔进厕所或水槽，除了部分废弃物很大会堵塞管道，大部分随着污水一起通过排水管网系统进入污水处理厂，其中一部分废弃物可能会在下水道内破裂，更易于利用排水管网系统输送。另一个途径，当排水管网系统输送污水和径流雨水时，即合流制排水系统，也可能会间接引入微塑料。

自 1991 年以来，研究人员认为合流制排水系统存在较大问题，因为合流制排水系统溢流"可能会对受纳水体产生不利影响，包括细菌、营养物质、固体、BOD、金属和其他潜在有毒成分"（Metcalf & Eddy, 1991）。从中可以看出，当时微塑料还没有被认定为环境污染的来源之一。然而，雨水的水质取决于大气污染和面源污染情况。雨污分流制排水系统虽然被认为是排水系统一次有历史意义的改革，但近年来，雨污分流制排水系统又被重新研究，原因是单独的雨水系统中，雨水径流未经处理即排入受纳水体。

合流制排水系统的溢流污水可以设置单独的处理单元，也可以储存起来待天晴时再处理。然而，通常情况下，这些溢流污水未经处理便直接排入受纳水体。以上两种处理方式的选择往往与成本、可利用空间及非稳态条件下的操作技术问题有关（Metcalf & Eddy, 1991）。

7.3.2 污水处理厂预处理

预处理主要是去除可能对污水处理厂后续处理阶段的维护和操作造成干扰的成分（Metcalf & Eddy, 1991）。与微塑料相关的预处理包括筛分和粉碎，筛分是通过拦截去除粗固体，粉碎是将粗固体研磨成较均匀的小颗粒（Metcalf & Eddy, 1991）。

筛分通常是污水处理厂的第一个环节。格栅和筛网通常是金属结构，开口尺寸相似，污水从其中通过，固体废弃物被截留。筛网的设计主要考虑通过筛网的液压水头损失。清洁筛网即可显著减少水头损失，但其受清洁方法、清洁频率、污水中固体的大小和数量的影响较大。如果发生雨水径流溢流事件或部分污水未经处理即排入受纳水体的情况，则筛网收集的固体量可为释放到海洋中的固体量的估算提供参考。

7.3.3 污水处理厂沉淀池

污水处理厂通常设有初沉池和二沉池,但大多数污水处理厂只有二沉池用于分离活性污泥和处理过的污水,必须清除二沉池的漂浮物,避免溢出到受纳水体。二沉池大多为圆形,表面设置溢流堰,溢流堰配有浮渣清渣设备和浮渣挡板,先将浮渣收集到一个盒子中,再通过管道排出。

7.3.4 处理过的污水

处理过的污水通常排入河流、湖泊或大海。部分国家对污水中的悬浮固体、有机负荷、大肠菌群有相关规定。如果受纳水体是一个敏感的水系统,则须遵循与营养物质浓度相关的规定。微塑料或合成纤维暂不受管制,可能会产生一部分悬浮固体,如果污水处理技术不够先进,则处理过的污水中可能含有微塑料和合成纤维。目前,污水处理采用的技术主要可以去除砂砾、有机物和皂垢,无法去除微塑料和合成纤维。

7.3.5 污泥

污水处理厂中的污泥主要在曝气池中产生。二沉池中会进行泥水分离步骤,将污泥从池底泵送至其他污泥处理单元进行混合、浓缩、稳定(如好氧或厌氧消化)、调理、消毒等。污泥中可能含有微塑料和合成纤维,但目前还没有一种污泥处理技术可以将微塑料去除,只能通过污泥焚烧方法将其销毁。

1998年,首次有文章指出污水和污泥中含有合成纤维。这些合成纤维含量非常丰富,甚至有学者提议可将合成纤维作为土壤或肥料中存在污水和污泥的指示性指标(Habib et al., 1998)。脱水污泥中可观测到小块聚乙烯和纤维,纤维有多种尺寸、颜色和材质。将污泥中的纤维与普通商业产品中的纤维进行比较,发现污泥中含有多种纺织纤维和纸质纤维,包括一次性尿布和卫生用品等的残留物(Habib et al., 1998)。

7.4 影响

污水和排水管网溢流污水通常会排入地表水中,此外,世界上许多地区的污水未经处理直接排入地表水。在发达国家,80%的污水会排入污水处理厂处理,但全世界只有15%~20%的污水能得到处理(Duis & Coors, 2016)。污泥中的微塑料会保留在土壤中随风迁移或随地表径流进入水环境。大多数发达国家禁止将污水和污泥排入海洋，但仍有部分国家的污水和污泥直接排入海洋，导致微塑料直接进入水环境（Duis & Coors, 2016）。

微塑料分布在整个海洋中，并且广泛分布在从北极到南极的海岸线、地表水和海底沉积物中（GESAMP, 2015）。已有研究发现，微塑料会与多种海洋生物相互作用，包括无脊椎动物、鱼类、海鸟类和哺乳动物（Rochman et al., 2013）。研究表明，微塑料中含有在制造过程中添加的化学物质，还会吸收和富集周围海水中的污染物，如杀虫剂（Ogata et al., 2009；Karapanagioti & Klontza, 2008）。越来越多的研究表明，微塑料中的化学物质会转移到生物组织中。在实验室条件下，已证明非常小的（纳米级）微塑料可以穿透细胞膜，造成组织损伤。一旦摄入微塑料则会影响宿主生物的生理机能，并可能影响其适应性（GESAMP, 2015）。

处理过的污水中的合成纤维肉眼看不见，它们的危害性可能不大，但这些合成纤维的数量非常多。数量多和尺寸小的特点导致这些纤维很容易在受纳水体中扩散。如果将处理过的污水用于灌溉，则合成纤维将扩散至土壤中。目前，在使用污泥作为添加剂的堆肥产品中发现了纤维，而且在污泥处理厂的污水管道附近的沉积物中也发现了纤维（Habib et al., 1998）。如今，塑料作为宏观碎片广泛地存在于各处，地质学家将其视为人类世的地层学指标（在这个时代，人类已经开始主导许多地表地质过程）（Zalasiewicz et al., 2016）。

7.5 案例研究

布朗尼（Browne）等（2011）首次提出污水处理厂出水是微塑料和合成纤维的来源，并在污水处理厂污水中对其进行了检测。通过对两个采用三级处理的澳大利亚污水处理厂的污水的检测，发现平均每升污水中含有 1 个微塑料。

明特尼希（Mintenig）等（2014）对德国 12 个污水处理厂污水中的微塑料和合成纤维进行了采样，发现每升污水中的塑料纤维含量为 0.1～4.8 个。微塑料颗粒有小颗粒（<500μm）和大颗粒（>500μm）两种。每升污水中含有 0.08～8.9 个小微塑料颗粒和 0～0.05 个大微塑料颗粒。

根据污水流量计算，每个污水处理厂每年往河流中排放约 9300 万个到 82 亿个微塑料颗粒和纤维。杜柏施（Dubaish）和利贝泽特（Liebezeit, 2013）

检测了德国污水处理厂中的颗粒物，发现平均每升污水中有 33 个颗粒、24 个碎片和 24 根纤维。莱斯利（Leslie）等（2013）研究了荷兰的 3 个污水处理厂，这些污水处理厂将废水排入北海、马斯河或北海运河，每吨处理过的污水中约有 52 个颗粒。莱斯利（Leslie）等（2012）还研究了荷兰的 1 个污水处理厂的颗粒去除率，其去除率为 90%，每升污水中约有 20 个颗粒。

塔蒂泰（Talvtie）和海诺宁（Heinonen）（2014）研究了俄罗斯圣彼得堡中央污水处理厂的去除率。他们发现微塑料颗粒和合成纤维的平均去除率为 96%。在每升污水中发现了 16 个纺织纤维、7 个合成纤维和 125 个黑色颗粒（Talvitie et al., 2015）。此外，他们还研究了赫尔辛基地区的三级污水处理厂的不同污水处理单元的微塑料的去除情况。大多数纤维在初沉池中被去除，而合成颗粒主要在二沉池中被去除，生物过滤进一步提高了去除效果。在污水处理厂出水中，每升污水中平均含有 4.9 根纤维和 8.6 个微塑料。在赫尔辛基群岛地区，与受纳水体相比，污水处理厂污水中的平均纤维浓度高 25 倍，颗粒浓度高 3 倍，这表明污水处理厂可能是微塑料进入海洋的途径。对排放到法国巴黎塞纳河的污水处理厂也进行了类似的观测（Dris et al., 2015），每立方米河水中的微塑料浓度比污水处理厂低 1000 倍。

卡尔（karl）等（2016）在美国南加州的 7 个三级污水处理厂和 1 个二级污水处理厂进行了采样和检测，使用 400 目和 45 μm 之间的筛网过滤了成千上万升污水，并采用 125 μm 网孔的设备过滤了数百万升污水。在三级污水处理厂中，发现微塑料在脱脂和沉降处理过程中被充分去除。在二级污水处理厂的污水中，1140 L 污水中含有 1 个微塑料。尽管这个数量已经很少，对应的去除率达到 99.9%，但每天向海水中排放的微塑料约为 100 000 个。其中，牙膏中的蓝色聚乙烯的微塑料含量最多。

墨菲（Murphy）等（2016）对坐落在英国格拉斯哥的克莱德河边的二级污水处理厂的不同处理阶段的微塑料进行了采样，在污泥、砂砾和油脂中发现了微塑料。平均 4 L 污水中有 1 个微塑料，微塑料去除率约为 98%，其中，油脂去除过程的微塑料去除率最高。尽管微塑料去除率很高，但该污水处理厂每天向受纳水体排放的微塑料达 6500 万个。因此，尽管该污水处理厂在处理大量污水时实现了微塑料的有效去除，但单位污水中出现的极少量的微塑料也会导致大量的微塑料排入环境中。

穆尔科吉安尼斯（Mourgkogiannis）（2016）采用问卷调查的形式调研了

希腊 101 个污水处理厂，发现污水处理厂的滤网每天可拦截大量的固体废弃物。这些固体废弃物在暴风雨天气时可能会通过排涝系统进入大海。46% 的操作工在污水厂曝气池中观察到了微塑料，而只有 5% 的操作工在氯消毒池中观察到了微塑料，24% 的操作工在污泥中观察到了微塑料，48% 的操作工观察到二沉池收集的浮渣中含有微塑料。很明显，微塑料的质量守恒分析在污水处理厂很难进行，这主要是由于污水处理厂的操作工没有留意微塑料的意识，也没有受过这方面的培训。污水处理厂最常见的固体废弃物是棉签、瓶盖、其他微塑料和其他固体废弃物，例如，棉签在某污水处理厂旁和附近海滩上被发现（见图 7-1）。

(a) 棉签出现在海面上　　(b) 棉签出现在海滩上
图 7-1　棉签出现在污水处理厂附近

7.6　防治方案

在讨论直接排放的微塑料污染的处理方案之前，需要了解合流制排水系统的最佳管理实践方法。源头控制不需要大量资本投资，但是对公民素质的要求较高（Metcalf & Eddy，1991）。源头控制主要是控制雨水径流产生的微塑料，包括透水砖路面、雨水截留、屋顶储存、生物滞蓄、固体废弃物管理、街道清扫和公共教育等。合流制溢流产生的微塑料污染的物理处理通常利用的是粗格栅、细格栅和微滤器等设施。

公民意识和微塑料处理方式都在最大限度减少微塑料污染发挥关键作用（Chang，2015）。目前，大多数污水处理厂没有能力处理过小的颗粒物，即使在加利福尼亚州，污水处理厂也仅采用二级处理系统处理。尽管人们知道污水深度处理的微过滤工艺会减少微塑料和合成纤维的排放，但通过案例分析，只有 4% 的污水在排放到旧金山湾之前，通过尺寸为 0.1 μm 的微过滤系统进行三级处理（Habib et al.，1998）。在德国，通过对一个配备微过滤系统的污水处理厂的过滤前后出水进行取样，发现其过滤掉了所有大于 500 μm 的微塑料颗粒、93% 的小于 500 μm 的微塑料颗粒和 98% 的微塑料纤维（Mintenig et al.，2004）。

20 世纪 90 年代，梅特（Metcalff）和埃迪（Eddy）（1991）建议使用较细的筛网（23μm 或 35 μm）去除二级处理阶段出水中的残留悬浮固体。这种微筛分采用的是可变速低速旋转滚筒过滤器，即污水进入滚筒，水流从筛网中流出，固体被反冲洗到滚筒的最高点，这样可达到约 50% 的固体去除率。如今可以采取七项措施来提高存量和新建污水处理厂的性能和可靠性，其中之一是加强过滤过程并采用精细过滤（2～6mm）（Tchobanoglous et al.，2015），从而去除可能影响污水处理效果的惰性成分（如碎布和塑料材料）。

7.7 污水处理厂是海滩微塑料的主要来源

越来越多的污水处理厂使用生物填料优化污水处理厂生物处理工艺（Gorgun et al.，2006; Jenkins & Sanders，2012）。生物填料是一种固体载体，微生物附着在生物填料上形成生物膜，而不是悬浮在生化池中，从而提高微生物对毒性污染物的抵抗力。在之前的研究中，我们注意到，在有毒化合物存在的情况下，生物膜不一定具有很高的处理效率，但生物填料能支持更丰富的微生物物种，从而强化生物降解过程。此外，颗粒污泥的胞外聚合物呈较强的疏水特性，加强了对微生物的保护，使其免受 Cr(VI) 和菲（phenanthrene）等有毒化合物的侵害。除此之外，颗粒污泥具有更好的沉降性能（Papadimitriou et al.，2010; Sfaelou et al.，2015，2016）。问题是大多数污水处理厂更倾向于使用塑料生物填料而不是天然生物填料，且数量非常大，污水处理厂曝气池中的塑料生物填料数量高达数百万个。

组织海滩清理的基金会（即欧洲冲浪者基金会）注意到，法国和西班牙及整个欧洲大西洋海岸的几个海滩上都有塑料生物填料（François Verdet, 2016）。他们启动了一项名为"生物填料观察"的计划，监测不同海滩上的生物填料情况，并在其网站绘制生物填料地图。他们发表了两份报告，分析了污水处理厂排放生物填料的情况。2009—2011年，欧洲和北美大陆发生了7起生物填料意外泄漏事件。在常规污水处理厂运行过程中可能因工程设计不当而导致生物填料泄漏。

食品技术文献（Bekatorou et al., 2015; Koutinas et al., 2012; Kourkoutas et al., 2004）和新型吸附剂文献（Papadimitriouet al., 2016）中提到，建议使用天然生物填料，如已经成功试验的无机材料和有机材料，贻贝壳、基西里斯矿石（kissiris，一种矿物质）、γ-氧化铝（无机物类），以及锯末、多孔脱木素纤维素、麸质、废弃的谷物、废弃的麦芽根、废弃的葡萄皮和水果片（有机物类），其中无机材料和锯末较稳定。

7.8 结论

本章的主要结论如下：
- 大多数微塑料颗粒和合成纤维可以通过污水处理厂的不同处理工艺得到有效去除，具体去除效果取决于其浓度，而且最好采用对环境更友好的有效方法，如微滤。
- 尽管污水处理厂在处理大量污水时实现了很高的微塑料去除率，但即使单位污水释放极少量的微塑料，也可能导致大量的微塑料进入环境中。
- 大多数情况下，与受纳水体相比，污水处理厂中的微塑料和合成纤维浓度更高，这表明污水处理厂可能是海洋微塑料的来源。
- 对污水处理厂的操作工人开展关于微塑料相关问题的培训；监管机构应禁止在个人护理产品中使用微塑料；消费者应提高对含有微塑料商品的辨别能力。

7.9 原著参考文献

Arthur C. and Baker J. (eds) (2011). Proceedings of the Second Research Workshop on

Microplastic Debris. NOAA Technical Memorandum, NOS-OR&R-39.

Bekatorou A., Plessas S. and Mallouchos A. (2015). Cell immobilization technologies for applications in alcoholic beverages. In: Handbook of Microencapsulation and Controlled Release, M. Mishra (ed.), CRC Press (Taylor & Francis Group), Boca Raton, FL, pp. 933–955. (Catalog number of K22891 and ISBN 978-1-4822-3232-5).

Browne M. A., Crump P., Niven S. J., Teuten E., Tonkin A., Galloway T. and Thompson R. (2011). Accumulation of microplastic on shorelines worldwide: sources and sinks. *Environmental Science & Technology*, **45**, 9175–9179.

Carr S. A., Liu J. and Tesoro A. G. (2016). Transport and fate of microplastic particles in wastewater treatment plants. *Water Research*, **91**, 174–182.

Chang M. (2015). Reducing microplastics from facial exfoliating cleansers in wastewater through treatment versus consumer product decisions. *Marine Pollution Bulletin*, **101**(1), 330–333.

Dris R., Gasperi J., Rocher V., Saad M., Renault N. and Tassin B. (2015). Microplastic contamination in an urban area: a case study in Greater Paris. *Environmental Chemistry*, **12**(5), 592–599.

Dubaish F. and Liebezeit G. (2013). Suspended microplastics and black carbon particles in the Jade system, southern North Sea. *Water Air Soil Pollution*, **224**, 1352.

Duis K. and Coors A. (2016). Microplastics in the aquatic and terrestrial environment: sources (with a specific focus on personal care products), fate and effects. *Environmental Sciences Europe*, **28**, 2.

Fendall L. S. and Sewell M. A. (2009). Contributing to marine pollution by washing your face: microplastics in facial cleansers. *Marine Pollution Bulletin*, **58**, 1225–1228.

GESAMP (2010). IMO/FAO/UNESCO-IOC/UNIDO/WMO/IAEA/UN/UNEP Joint Group of Experts on the Scientific Aspects of Marine Environmental Protection. In: T. Bowmer and P. J. Kershaw (eds), Proceedings of the GESAMP International workshop on plastic particles as a vector in transporting persistent, bio-accumulating and toxic substances in the oceans. GESAMP Rep. Stud. No. 82, 68pp.

GESAMP (2015). Sources, fate and effects of microplastics in the marine environment: a global assessment. GESAMP Rep. Stud. No. 90, 97pp.

Gorgun E., Insel G., Tabak S., Unal K. and Erdogan A. O. (2006). Optimization of removal efficiency and operational costs in urban wastewater treatment plants by using biomass carriers. In PROTECTION2006 Proceedings of the International Conference "Protection and Restoration of the Environment VIII" Chania, Crete, Greece.

Habib D., Locke D. C. and Cannone L. J. (1998). Synthetic fibers as indicators of municipal sewage sludge, sludge products, and sewage treatment plant effluents. *Water Air Soil Pollution*, **103**, 1–8.

IOC-UNESCO/UNEP (2009). An Assessment of Assessments, Findings of the Group of Experts. Start-up phase of a Regular Process for Global Reporting and Assessment of the State of the Marine Environment including Socio-Economic Aspects.

Jenkins A. M. and Sanders D. (2012). Introduction to Fixed-Film Bio-Reactors for Decentralized Wastewater Treatment, Professional Development Series. Contech Engineered Solutions, West Chester, OH.

Karapanagioti H. K. and Klontza I. (2008). Testing phenanthrene distribution properties of virgin plastic pellets and plastic eroded pellets found on Lesvos island beaches

(Greece). *Marine Environmental Research*, **65**, 283–290.

Kourkoutas Y., Bekatorou A., Marchant R., Banat I. M. and Koutinas A. A. (2004). Immobilization technologies and support materials suitable in alcohol beverages production: a review. *Food Microbiology*, **21**, 377–397.

Koutinas A. A., Sypsas V., Kandylis P., Michelis A., Bekatorou A., Kourkoutas Y., Kordulis C., Lycourghiotis A., Banat I. M., Nigam P., Marchant R., Giannouli M. and Yianoulis P. (2012). Nano-tubular cellulose for bioprocess technology development. *Plos One*, **7**(4), e34350.

Leslie H. A., Moester M., de Kreuk M. and Vethaak A. D. (2012). Verkennende studie naar lozing van microplastics door rwzi's. *H_2O*, **14/15**, 45–47.

Leslie H. A., van Velzen M. J. M. and Vethaak A. D. (2013). Microplastic survey of the Dutch environment. Novel data set of microplastics in North Sea sediments, treated wastewater effluents and marine biota. Final report R-13/11. Institute for Environmental Studies, VU University, Amsterdam.

Metcalff and Eddy, Inc. (1991). Wastewater Engineering, Treatment Disposal Reuse, 3rd edn. Mc Graw Hill, New York.

Mintenig S., Int-Veen I., Löder M. and Gerdts G. (2014). Mikroplastik in ausgewählten Kläranlagen des Oldenburgisch-Ostfriesischen Wasserverbandes (OOWV) in Niedersachsen. Alfred-Wegener-Institut, Probenanalyse mittels Mikro-FTIR Spektroskopie. Final report for the OOWV Helgoland.

Mourgkogiannis N. (2016). Wastewater Treatment Plants and Microplastics. Masters thesis, Hellenic Open University, Greece (in greek).

Murphy F., Ewins C., Carbonnier F. and Quinn B. (2016). Wastewater treatment works (WwTW) as a source of microplastics in the aquatic environment. *Environmental Science Technology*, **50**(11), 5800–5808.

Ogata Y., Takada H., Mizukawa K., Hirai H., Iwasa S., Endo S., Mato Y., Saha M., Okuda K., Nakashima A., Murakami M., Zurcher N., Booyatumanondo R., Zakaria M. P., Dung L. Q., Gordon M., Miguez C., Suzuki S., Moore C. J., Karapanagioti H. K., Weerts S., McClurg T., Burresm E., Smith W., Van Velkenburg M., Lang J. S., Lang R. C., Laursen D., Danner B., Stewardson N. and Thompson R. C. (2009). International Pellet Watch: global monitoring of persistent organic pollutants (POPs) in coastal waters. 1. Initial phase data on PCBs, DDTs, and HCHs. *Marine Pollution Bulletin*, **58**, 1437–1446.

Papadimitriou C. A., Karapanagioti H. K., Samaras P. and Sakellaropoulos G. P. (2010). Treatment efficiency and sludge characteristics in conventional and suspended PVA gel beads activated sludge treating Cr (VI) containing wastewater. *Desalination and Water Treatment*, **23**, 1–7.

Papadimitriou C. A., Krey G., Stamatis N. and Kallaniotis A. (2016). The use of waste mussel shells for the adsorption of dyes and heavy metals. *Geophysical Research Abstracts*, **18**, EGU2016–8431.

Rochman C. M., Browne M. A., Halpern B. S., Hentschel B. T., Hoh E., Karapanagioti H. K., Rios-Mendoza L. M., Takada H., Teh S. and Thompson R. C. (2013). Classify plastic waste as hazardous. *Nature*, **494**, 169–171.

Sfaelou S., Karapanagioti H. K. and Vakros J. (2015). Studying the formation of biofilms on supports with different polarity and their efficiency to treat wastewater. *Journal of Chemistry*, **2015**, 7.

Sfaelou S., Papadimitriou C. A., Manariotis I. D., Rouse J. D., Vakros J. and Karapanagioti H. K. (2016). Treatment of low-strength municipal wastewater containing phenanthrene using activated sludge and biofilm process. *Desalination and Water Treatment*, **57**, 12047–12057.

Talvitie J. and Heinonen M. (2014). Base Project 2012–2014. Preliminary Study on Synthetic Microfibers and Particles at a Municipal Waste Water Treatment Plant. Baltic Marine Environment Protection Commission (HELCOM), Helsinki.

Talvitie J., Heinonen M., Pääkkönen J. P., Vahtera E., Mikola A., Setälä O. and Vahala R. (2015). Do wastewater treatment plants act as a potential point source of microplastics? Preliminary study in the coastal Gulf of Finland, Baltic Sea. *Water Science and Technology*, **72**(9), 1495–1504.

Tchobanoglous G., Cotruvo J., Crook J., McDonald E., Olivieri A., Salveson A. and Trussell S. (2015). Framework for Direct Potable Reuse. In: WateReuse Research Foundation, J. J. Mosher and G. M. Vartanian (eds), Alexandria, VA.

Zalasiewicz J., Waters C. N., Ivar do Sul J. A., Corcoran P. L., Barnosky A. D., Cearreta A., Edgeworth M., Gałuszka A., Jeandel C., Leinfelder R., McNeill J. R., Steffen W., Summerhayes C., Wagreich M., Williams M., Wolfe A. P. and Yonan Y. (2016). The geological cycle of plastics and their use as a stratigraphic indicator of the Anthropocene. *Anthropocene*, **13**, 4–17.

第 8 章

污水回用：作物对新兴污染物的吸收

8.1 概述

随着人口增长，人们对农产品的需求日益增加，农业集约化程度也随之提高。化学品的大量使用和集约化的土壤管理大大增加了水和土地等自然资源的压力（Tilman et al., 2002）。在这种情况下，将处理过的污水进行再利用被视为一种可靠的水源，因其不受季节性干旱和天气变化的影响，可满足高峰用水需求。这对灌溉期间依赖持续供水的农业生产非常有利，可减少作物歉收和收入损失的风险。适当使用处理过的污水中的营养成分也可以减少肥料的使用，从而实现环保和经济双重效益（BIO by Deloitte, 2015）。但处理过的污水通常含有有毒的污染物和病原体，而且它们大多具有生物活性，当被用于农业灌溉时，会存在潜在风险（Becerra Castro et al., 2015；Prosser&Sibley, 2015）。新兴污染物（CECs）是合成或天然存在的化学品。最近的研究发现，这些化学品可能对环境或公共健康产生有害影响，且风险程度尚不确定（Naidu et al., 2016）。作物中的新兴污染物来源主要有两种：一种是使用处理过的污水进行灌溉；另一种是使用生物固体（粪便或污泥）作为肥料（Wu et al., 2015）。本章主要研究的是第一种来源。

公众对处理过的污水回用于农业时新兴污染物在作物中富集的问题非常担忧，这从近年来聚焦该问题的出版物数量快速增长得以窥见一二（Carter et al., 2015；Franklin et al., 2016；Hurtado., 2016b；Joseph & Taylor, 2014；Miller et al., 2016；Riemenschneider et al., 2016）。尽管如此，作物可食用部分中累积的新兴污染物残留物对人类的潜在风险仍未得到充分证明（Prosser & Sibley, 2015）。

本章将总结发表过的关于用处理过的污水灌溉的农作物吸收新兴污染物

的相关研究，评估影响作物对新兴污染物的生物利用度和生物可得性及它们在作物中存在的形式（吸收、转移、代谢和累积）。此外，本章还讨论了作物中新兴污染物对人类健康的影响，提出了减少植物吸收新兴污染物的措施。

8.2 影响新兴污染物吸收的关键物理化学因素

植物对新兴污染物的吸收不仅取决于污染物的物理化学性质（如 K_{OW}、pK_a、K_{AW} 和分子量），还取决于土壤的物理化学和生物性质。土壤性质决定了新兴污染物在土壤孔隙水（K_d、K_{OC}）和土壤大气（K_{OA}）中的分布情况。有机污染物可以在水生生态系统中转移，吸附在土壤有机质上，或被植物吸收并进入食物链（Calderón-Preciado et al., 2013b）。一般来说，具有中等疏水性的化合物（$\log K_{OW}$=1–3）更容易被植物吸收和转移（Briggs et al., 1982）。然而，对于可电离的新兴污染物，依赖于 pH 值的脂水分配系数（D_{OW}）可能比 K_{OW} 影响更大。D_{OW} 与化合物的酸碱系数（pK_a）和培养基与 pH 值有关。最新研究发现，在两种代表性作物（莴苣和草莓）中检测到 9 种新兴污染物，而且其浓度与污染物的 $\log D_{OW}$ 呈正线性相关关系（Hyland et al., 2015b）。吴（2013）等也发现了类似的现象：中性新兴污染物的根吸收浓度与污染物的 $\log D_{OW}$ 呈正相关关系，这可能是由根表面的化学吸附驱动的。相反，亲水性污染物从根到叶的转移与 D_{OW} 呈负相关关系，表明亲水性污染物是通过木质部进行转移的。因此，对于可电离化合物，pK_a 和 pH 值的影响比亲脂性更重要。通常情况下，解离会导致污染物在植物中的累积量减少。此外，土壤环境和某些物理化学性质的组合可能也会产生较大影响。当土壤呈酸性时［弱酸（pK_a 2～6）］，污染物可能会在植物的叶片和果实中累积。当土壤呈碱性时［弱碱 pK_a 6～10］，污染物在植物内累积的概率极高（Trapp, 2009）。8.4.2 节将进一步讲述 pH 值对新兴污染物吸收和转移的影响。此外，还有一个影响参数是新兴污染物的分子量。在对番薯和莴苣的体外研究中发现，分子量与动态吸收速率呈负相关关系（Calderón-Preciado et al., 2012）。例如，只有分子量小于 500 D_a 的分子才能通过生长根尖的表皮吸收，包括通过扩散方式进入根部（McFarlane&Trapp, 1994）。然而，分子量高于 500 D_a 的化合物也在植物体内被发现（Blaine et al., 2013），这可能是由于活性转运导致的。

8.3 影响生物利用度的因素——污染物的生物可及性

8.3.1 水质

水质参数如 pH 值和溶解性有机碳（DOC）都会影响作物对污染物的生物可及性。如前所述，新兴污染物对有机碳的疏水吸附取决于溶液中化学物质的形式，即取决于灌溉水的 pK_a 和 pH 值。对于大多数新兴污染物来说，pK_a 相对较高且超出正常 pH 值范围，表明 pH 值影响很小。然而，对于酸性新兴污染物，在污水的正常 pH 值范围内，可能会发生中性形式的解离，从而形成有机阴离子，有机阴离子和通常带负电的黏土颗粒表面之间的静电排斥可能导致对污染物的吸附显著减弱（Roberts et al., 2014）。水中溶解性有机碳的存在很重要，因为它可以通过在溶液中形成稳定的溶解有机碳-污染物相互作用，或通过与污染物分子竞争土壤表面的吸附位点来促进新兴污染物在土壤中的转移（Graber & Gerstl, 2011）。例如，溶解性有机碳的存在显著降低了土壤对磺胺吡啶的吸附。然而，将溶液的 pH 值从 9 降到 6 削弱了溶解性有机碳的抑制作用，这也进一步揭示了磺胺吡啶（pK_a = 8.4）的离子形态对吸附位点的影响（Haham et al., 2012）。

8.3.2 土壤性质

土壤质地（比表面积）、土壤结构和组成是影响土壤中新兴污染物的关键因素。例如，高有机质和黏土对中性新兴污染物的吸附含量往往比沙质和低有机质的土壤更高。由此可见，增加土壤有机质（SOM）含量能提高土壤对中性新兴污染物的吸附能力（Tolls, 2001）。研究已证实，黄瓜果实和叶片中的卡马西平浓度与土壤有机质含量呈负相关关系（Shenker et al., 2011）。戈尔茨坦（Goldstein, 2014）等也发现在土壤有机质水平低和黏土含量低的土壤（即沙质和风沙土壤）中生长的植物（西红柿和黄瓜）的叶片中吸收的中性新兴污染物浓度显著升高。因此，作者建议通过与土壤有机质的极性相互作用吸附非离子和极性新兴污染物，如卡马西平、磺胺吡啶、拉莫三嗪和咖啡因，这可能会大大地降低土壤溶液中这些化合物的浓度，从而限制植物的吸收量。还有一个重要的限制参数是新兴污染物在土壤中的生物降解性。据报道，根系分泌物的存在可以增强新兴污染物的生物降解能力，并通过分泌 H^+、OH^- 和有机酸将根表面（1～2 mm）附近的 pH 值改变高达 2 个单位（Carvalho et al., 2014；Miller et al., 2016）。

8.3.3 气候

温度和湿度等气候条件是影响作物对污染物的生物可利用性的关键因素。例如，新兴污染物的水溶性和生物降解反应动力在温度高的情况下更高（Petrie et al., 2015），而在较高温度和较低湿度环境条件下，植物蒸腾和吸收作用可能更强。最新研究表明（Dodgen et al., 2015），在凉爽潮湿或温暖干燥的环境下，胡萝卜、莴苣和番茄等植物生长在含有 16 种新兴污染物的溶液中，不同电离状态下的叶片生物浓缩因子（BCF）与蒸腾作用呈正相关关系（$p < 0.05$）。然而，根部的生物浓缩因子仅与中性新兴污染物的蒸腾作用相关（$p < 0.05$）。中性新兴污染物和阳离子新兴污染物表现出相似的累积特征，而阴离子新兴污染物在根部累积明显较高，在叶片中的累积明显较低（$p < 0.05$）。同样地，低蒸腾、耐旱性、坚硬细胞壁结构、纤长的植物也会转移更少的工程纳米材料（Schwab et al., 2016）。

8.3.4 灌溉技术

处理过的污水常用喷灌和滴灌的方式进行农业灌溉。最新的研究成果和处理过污水再利用的相关法规建议采用滴灌甚至要求暂停污水农业灌溉，以防止使用处理过的污水对环境和公共健康造成危害（Lonigro et al., 2016）。实际上，滴灌比喷灌更易导致新兴污染物的吸收。卡尔德隆（Calderon）等（2013a）发现，在莴苣叶片上喷洒含有新兴污染物的灌溉水会使其表面累积更高浓度的疏水化合物。

就这一点而言，无论新兴污染物的化合物类别和相对湿度如何，通过灌溉方式浇灌的叶片对新兴污染物的叶片吸附与新兴污染物的疏水性（D_{OW}）和挥发性（K_{AW}）紧密相关。因此，植物叶片的亲油表面（如表皮）是低挥发性疏水化合物（高 K_{OA}）的理想聚集位点。这些结果表明，在作物灌溉中提高再生水水质非常有必要，特别是在使用喷灌方式时。

8.4 作物中新兴污染物的去向

新兴污染物在作物中的去向取决于作物的吸收、转移、代谢和累积过程

（见图 8-1）。

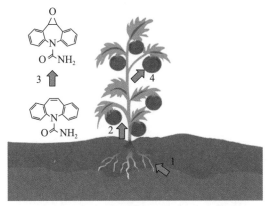

图 8-1 新兴污染物在作物中的去向示意图
1—吸收；2—转移；3—代谢；4—累积

8.4.1 吸收

植物对新兴污染物的吸收主要与土壤根系中污染物的生物利用度有关。生物利用度是衡量植物根系对化学品的可利用性或可吸收性的指标（Reeves，1998）。通常情况下，植物吸收通过土壤植物的无量纲生物浓缩因子（BCFSV）进行衡量。生物浓缩因子是植物组织中污染物浓度与土壤中污染物浓度的比值。

在水培条件下进行若干实验可以评估植物对新兴污染物的吸收。吴等（2015）在其综述研究中指出，植物根系中新兴污染物的生物浓缩因子值差异很大。一些新兴污染物，如三氯卡班、氟西汀和三氯生可能高度集中在根系中，其生物浓缩因子值高达 111～840 L/kg。另一些新兴污染物，如甲丙氨酯、阿托伐他汀、双氯芬酸和对乙酰氨基酚，在植物根系中的浓度较低，其生物浓缩因子值通常低于 5 L/kg。与从水培研究中获得的生物浓缩因子值相比，土壤研究中获得的生物浓缩因子值低很多（＜0.5～40 L/kg），这表明新兴污染物与土壤之间的相互作用及新兴污染物在土壤中的降解显著降低了新兴污染物的生物有效性。因此，在基于水培实验推断实际环境中植物对药品和个人护理产品类新兴污染物的吸收时必须谨慎。例如，虽然发现氟西汀在水培条件下生长的植物中高度累积（Wu et al.，2013），但在使用含氟西汀浓度高达 10μg/L 的水灌溉的土壤中生长的大豆植物中未发现氟西碱（Wu et al.，2010），这表明土壤中的氟西汀生物利用度低，可能是由土壤颗粒的吸附所致。

此外，生物浓缩因子强烈依赖于植物的种类甚至品种（Mattina et al., 2006）。例如，埃根（Eggen）和利洛（Lillo）（2012）发现，油菜中的二甲双胍的生物浓缩因子值为22，而番茄和南瓜中的生物浓缩因子值低于0.2。

在实际农田作物中，作物吸收的新兴污染物的浓度取决于气候条件及灌溉水中的污染物浓度（见表8-1）。例如，在一个暴露于高温和阳光辐射下，用含有处理过的污水灌溉的农田中，观察到了新兴污染物在作物中的最高累积浓度（新兴污染物浓度范围为80～5800 ng/L）（Riemenschneider et al., 2016）。

虽然对于大多数新兴污染物（如激素），用处理过的污水灌溉比直接施用生物固体对植物影响更严重（Shargil et al., 2015），但生物固体也可能是某些新兴污染物（如全氟烷基酸）扩散的重要途径。布莱恩（Blaine）等（2013）评估了使用包含工业污染物的生物固体进行土壤改良后，土壤中植物对全氟乙酸的吸收情况，他们发现，许多全氟烷基酸的生物浓缩因子值远高于1，其中，全氟丁酸在莴苣中的生物浓缩因子最高（57），全氟戊烷酸在番茄中的生物浓缩因子最高（17）。

8.4.2 转移

转移是将物质从叶片或根部输送到植物其他部位的过程。到达维管组织的新兴污染物可以通过植物的木质部（蒸腾流）或韧皮部（同化作用）到达枝条、叶片和果实（Kvesitadze et al., 2016）。新兴污染物与灌溉水一起进入根部，就像营养物质通过无角质层、未栓化的根幼毛细胞壁一样。新兴污染物穿透细胞壁后，沿着自由细胞间隙（质外方式）或细胞（共质方式）向木质部的运输组织移动（Öztürk et al., 2016）。由于仅通过质外方式吸收的化合物需要穿过凯氏带，因此必须通过主动运输方式进行（McFarlane & Trapp, 1995）。

新兴污染物在不同植物体内的迁移取决于土壤和化合物的不同物理化学性质，如pH值、pK_a和K_{OW}对于非离子态亲水性化合物，$\log K_{OW} < 0$的化合物是双流动的（在木质部和韧皮部都是流动的），而中等亲脂性（$0 < \log K_{OW} < 3$）的化合物仅在木质部流动。高亲脂性化合物吸附在脂质膜上，不易通过植物输送。酸性化合物的流动性取决于化合物的pK_a值和土壤的pH值。当土壤的pH值低于细胞pH值时，酸性新兴污染物的pK_a值接近土壤pH值，这

表 8-1 处理过的废水灌溉的农作物中新兴污染物的浓度

国家	灌溉水源	污染物成分	灌溉方法	作物种类	作物中污染物浓度	原著参考文献
美国（宾夕法尼亚州）	处理过的污水	磺基阿莫素（580～22 000 ng/L）氧氟沙星（68～2200 ng/L）卡马西平（0～23 ng/L）	用污水处理厂出水喷灌	小麦	氧氟沙星（干重）麦秆：（10.2 ± 7.05）ng/g 麦子：（2.28 ± 0.89）ng/g 卡马西平（干重）麦子：（1.88 ± 2.11）ng/g	Franklin et al. 2016
				（普通小麦）	磺胺甲噁唑（干重）麦子：（0.64 ± 0.37）ng/g	
美国（加利福尼亚）	处理过的污水	19 种新兴有机污染物（0.3～181 ng/L）	空中洒水	胡萝卜、芹菜、生菜、菠菜、卷心菜、黄瓜、甜椒、番茄	咖啡因，氨甲丙二酯、六嗪啶、驱蚊胺、卡马西平、狄兰汀、甲氧苄氯丙酸、三氯生（0.01～3.87 ng/g 干重）	Wu et al., 2014
约旦	江水	28 种新兴污染物（80～5800 ng/L）	滴灌	甘蓝、西葫芦、茄子、番茄、胡椒、欧芹、鲁科拉、生菜、胡萝卜、土豆	卡马西平（叶片高达 216 ng/g）（干重）安赛蜜（叶片高达 186 ng/g）（干重）咖啡因（根系高达 169 ng/g）（干重）	Riemenschneider et al., 2016

续表

国家	灌溉水源	污染物成分	灌溉方法	作物种类	作物中污染物浓度	原著参考文献
以色列	处理过的污水	卡马西平，10,11-环氧卡马西平，咖啡因，利必通（平均浓度为0.3~0.82μg/L）	渗透和滴灌	胡萝卜，红薯	0.1~4.1 ng/g 湿重	Malchi et al., 2014
中国	未处理过的污水和鱼塘水	四环素，磺胺甲嘧啶	无	卷心菜，菠菜，玉米，大米	诺氟沙星 (4.6~23.6μg/kg)	Pan et al., 2014
西班牙	处理过的污水	诺氟沙星，红霉素，咖啡因，布洛芬，萘普生，双氯芬酸，吐纳麝香，茉莉酸甲酯，佳乐麝香	滴灌和喷灌	苹果树叶，苜蓿	氯霉素(2.6~22.4μg/kg干重)四环素(4.0~10.1μg/kg干重)磺胺甲嘧啶，红霉素<检出限<0.01-16.9ng/g（湿重）	Calder ó n-Preciado et al., 2011

时会发生"离子陷阱"效应：在细胞外的土壤中，酸性新兴污染物作为中性分子存在，并且被动地扩散到植物细胞中。由于细胞内的 pH 值高于细胞外的 pH 值，因此弱酸会发生解离（Trapp，2004）。$pK_a < 7$，$\log K_{OW} < 3$ 的酸性新兴污染物因离子捕获机制而倾向于留在韧皮部，并转移到果实中。$pK_a > 7$，$\log K_{OW} < 0$ 的碱基则倾向于在木质部和韧皮部双向移动，而 $\log K_{OW} < 4$ 的碱基则倾向于在木质部移动（Miller et al.，2016）。由于膜细胞的电负性变化，阳离子型新兴污染物对植物细胞壁的吸附可能会很高，但关于其在植物中转移的文献不多。此外，一些学者提出了利用蛋白质主动输送方式来转运新兴污染物的可能性。许多有机氮转运蛋白质具有低选择性，也许能参与运输与它们转运的化合物类似结构的新兴污染物（Miller et al.，2016）。勒费夫尔（LeFevre）等（2015）认为，拟南芥属植物在水培系统中对苯并三唑的快速同化（大约每天呈数量级倍数）可能是由于色氨酸蛋白介导的主动输送所致。同样地，与胍结构相似的抗糖尿病二甲双胍也可以通过类似机制转运（Eggen&Lillo，2012）。

蒸腾流浓度因子（即木质部孔隙水中的化合物浓度与溶液中的化合物浓度之比）可用来描述污染物从根部转移到芽部的能力（Limmer&Burken，2014）。蒸腾流浓度因子大于 1.0 的污染物会被主动输送，而蒸腾流浓度因子接近 1.0 的污染物在植物中移动的速率与水的转移速率相当。例如，埃根（Eggen）等（2013）研究了大麦、小麦、油菜、草甸羊茅和种植在农业土壤盆中的 4 种胡萝卜品种中的 5 种有机磷化合物的转移。三（2-氯乙基）磷酸酯（TCEP）（$\log K_{OW}$ 1.44）在叶片中转移能力较强，草甸羊茅的叶浓度因子值的范围为 3.9，大麦和胡萝卜的叶浓度因子值分别为 26 和 42。对于三（氯异丙基）磷酸盐（$\log K_{OW}$ 2.59），草甸羊茅和胡萝卜的叶浓度因子值较高（分别为 25.9 和 17.5）。模拟结果表明，木质部的被动吸收和转移与这些化合物的大量累积有关（Trapp&Eggen，2013）。

卡马西平（$\log K_{OW}$ 2.45）是一种典型的新兴污染物，其浓度通常在气生组织中高于根部（Shenker et al.，2011）。例如，乌尔塔多（Hurtado）等（2016b）发现，在温室控制条件下生长的莴苣的卡马西平的 TF 平均值为 3.4。

8.4.3 代谢

大多数新兴污染物在一系列的代谢过程中会转化为亲水性更强、毒性更小的化合物。植物通常会在三个连续阶段中对新兴污染物进行解毒（Coleman 等，1997）。在第一阶段代谢期间，异源化合物通常经历羟基化、水解或其他氧化反应，产生极性或反应性增加的中间体。第二阶段的代谢产物是母体化合物或第一阶段代谢产物与极性生物分子如氨基酸、谷胱甘肽或碳水化合物（活化的异源生物）的复合物。第三阶段是液泡或细胞壁中共轭化合物的分隔，例如，液泡膜含有 ATP 依赖性转运蛋白，用于在液泡中分隔谷胱甘肽复合物。

很多学者非常关注新兴污染物在植物体内的代谢产物的鉴定，但大多数研究是在水培条件下开展的。宽叶香蒲中的双氯芬酸的代谢包括 1 种来自第一阶段的代谢产物（4'-OH-双氯芬酸酯）和 2 种来自第二阶段的糖苷和谷胱甘肽复合物（4-O-吡喃葡萄糖基氧基双氯芬酯和 4-OH-谷胱甘肽基双氯芬酸）（Bartha et al., 2014）。第一阶段代谢卡马西平后，在莴苣叶片中观察到环氧卡马西汀的形成。环氧卡马西汀被认为是具有遗传毒性的一种物质（Malchi et al., 2014）。勒费尔夫（LeFevre）等（2015）报告了拟南芥属植物吸收苯并三唑后产生的氨基酸缀合物和糖基化代谢产物。此外，在同一研究中，发现植物会分泌糖基化苯并三氮唑复合物到水培培养基中。此外，为了增加鉴定的代谢物的数量，建议使用植物细胞而不是将整个植物作为鉴定植物代谢产物的模型系统。细胞培养不仅能够提供关于所选新兴污染物代谢的新信息，而且更加简单、快速、价廉（Wu et al., 2016）。

8.4.4 累积

新兴污染物在农业食物链中的生物累积是一个过程。在这个过程中，污染物从污染源（如空气、水和土壤）转移到农产品（如作物），然后再转移到人类身体中（Takaki et al., 2015）。

最近的一项调查研究表明，再生水中的 9 种新兴污染物是如何被 2 种粮食作物的可食用部分吸收的。两种阻燃剂，三（1-氯-2-丙基）磷酸酯（TCPP）和三（2-氯乙基）磷酸酯及几种极性药物（卡马西平、苯海拉明、磺胺甲噁唑和甲氧苄啶）在用再生水灌溉的莴苣植物体内以线性的形式累积，表明莴苣被动吸收中性和可电离化学污染物。此外，在草莓果实中也观察到三（2-氯乙基）磷酸酯及三（2-氯乙基）磷酸酯的浓度依赖性累积。总体来说，这些数据表明，高极性或带电污染物可被作物从污水中吸收，并在作物可食用部分累积（Hyland et al., 2015）。

除了植物从根部吸收，新兴污染物还可以在植物地上部分的表面中累积。卡尔德隆（Calderon）等（2013）观察到，喷灌灌溉的植物中，亲脂性新兴污染物的主要累积途径是从灌溉水到叶片表面。叶片的脂质浓度和表面积也会影响有机污染物的累积程度（Simonich&Hites，1995）。

8.5 人类健康和风险影响

作物中累积的新兴污染物会对人类健康构成威胁，但只有少数是基于实际农田开展的新兴污染物的风险研究。评估新兴污染物的人类健康风险主要有两种方法，即可接受的每日摄入量（ADI）和毒理学阈值（TTC）。溥若诗（Proser）和西布利（Sibly）（2015）利用 ADI 方法基于现有文献报道的可食用植物中新兴污染物的浓度对新兴污染物风险进行评估和分析，发现因施用生物固体或肥料改良或处理过的污水灌溉而累积在植物可食用组织中的新兴污染物对人类健康的影响最小。里门施奈德（Riemenschneider）等（2016）采用毒理学阈值方法研究了 28 种新兴污染物（包括 9 种卡马西平代谢产物）、10 种蔬菜和 4 种植物部位（根、芽、叶和果实），发现食用处理过的污水灌溉的蔬菜对人类的健康影响均较低（见表8-2）。同时发现，一个约 70kg 的人每天只吃一个土豆（100g/d）或半个茄子（177g/d），其环氧卡马西平和环丙沙星的毒理学阈值水平会超。玛吉（Malchi）等（2014）认为，由于拉莫三嗪的存在，儿童每日食用 60g（半个胡萝卜）处理过的污水灌溉的胡萝卜就能达到毒理学阈值水平。事实上，环丙沙星、环氧卡马西平和拉莫三嗪都具有遗传毒性，毒理学阈值为 2.5 ng/kg/d。然而，在实际应用中更应考虑人体毒性，以修正通过使用毒理学阈值方法将某些新兴污染物（如拉莫三嗪或环丙沙星）视为潜在的遗传毒性存在的偏差。无论采用何种风险评估方法，我们都不希望新鲜蔬菜中携带的新兴污染物对人类造成威胁。事实上，帕尔蒂尔（Paltiel）等（2016）开展了一项随机对照试验，发现健康志愿者在食用处理过的污水灌溉的作物后会排出卡马西平及其代谢物。在食用淡水灌溉的作物试验者的尿液中，卡马西平浓度无法检测或显著降低。

表 8-2 在约旦，一个 70kg 的人要达到毒理学阈值每天需要摄入用处理过的污水灌溉的作物的量 （单位：kg）

新兴污染物	a	b	c	d	e	f	g	h	i	j
卡马西平	143.00	39.00	340.00	350.00	211.00	9.50	9.00	18.00	8.80	54.00
EP-卡马西平	0.50	0.18	0.55	—	—	0.07	0.04	0.05	0.10	0.16
反式二羟基卡马西平	—	90.00	—	—	—	79.00	47.00	—	—	102.00
3-OH-卡马西平	—	—	260.00	—	—	143.00	—	237.00	—	—
咖啡因	66.00	—	—	—	—	—	—	—	—	—
加巴喷丁	—	—	—	—	—	39.00	—	30.00	—	75.00
环丙沙星	0.35	—	—	—	—	—	—	—	—	0.11
安赛蜜	62.00	—	—	—	—	30.00	—	—	—	50.00
双氯芬酸	—	70.00	—	—	—	—	—	—	—	—

注：1. a—卷心菜；b—茄子；c—西葫芦；d—番茄；e—辣椒；f—欧芹；g—生菜；h—芝麻菜；i—土豆；j—胡萝卜。
2. 版权所有者为美国化学学会，转载已获授权。

最新研究表明，作物不仅会吸收新兴污染物，其植物激素（生长素、细胞分裂素、脱落酸和茉莉酸）浓度和营养成分也与未接触新兴污染物时存在显著差异。植物接触新兴污染物可能会对其生长发育产生影响，但其对人类健康的影响目前未知（Carter et al., 2015）。

8.6 土壤改良方法

鉴于作物中累积的新兴污染物可能会对人类健康造成潜在风险，一些学者建议引入土壤改良方法。研究最多的是使用生物炭改良土壤，这种方法会促进土壤肥力和二氧化碳封存，从而限制灌溉水中新兴污染物对植物的生物有效性或生物可及性（Cañameras et al., 2016）。生物炭是一种富含碳质的固体材料，是在低氧环境和 350～900℃的温度范围内使用不同的原料经缓慢热解产生的（Joseph & Taylor, 2014）。例如，乌尔塔多（Hurtado）等（2016）发现，用含有 12 种新兴污染物、浓度为 15 μg/L［双酚 A、咖啡因、卡马西平、氯贝酸、布洛芬、二氢茉莉酸甲酯、磷酸三（2-氯乙基）酯、三氯生和托那利特］的水灌溉作物，28 d 后，在生物炭改良土壤中种植的生菜的根、叶片中的新兴污染物浓度平均比非生物炭改良土壤种植降低了 20%～76%。关于生物炭的解吸滞后效应和表面生物降解特征待进一步研究。

8.7 结论和研究要点

由于气候变化，在干旱和半干旱地区使用处理过的污水灌溉作物的情况正在增加。研究表明，处理过的污水中所含的新兴污染物会在植物组织中累积。植物对新兴污染物的吸收取决于化合物的物理化学性质（如 K_{OW}、K_{OA}、K_{aw}、pK_a、分子量），同时强烈依赖于农业土壤的物理化学和生物学性质（如质地、pH 值、土壤有机质含量等）。例如，有机质含量高的黏土对新兴污染物的吸附往往比沙质土和有机质含量低的土壤高。气候条件也有非常重要的作用，高温情况会促进蒸腾蒸发作用和植物对新兴污染物的吸收。与喷灌相比，滴灌可使作物对疏水性新兴污染物的接触风险降低。植物对中性化合物的吸收与 K_{OW} 相关，而可电离化合物的吸收则强烈依赖于土壤的 pH 值（D_{OW}）。根据使用处理过的污水灌溉实际农田的研究，作物中大多数新兴污染物的存在不会对人类健康构成威胁。然而，对于被归类为具有遗传毒性的新兴污染物，应更详细地进行毒理学评估，因其可能会对人类健康造成影响。生物炭可用作土壤改良剂以减弱植物对新兴污染物的吸收，尽管如此，世界范围内的水培食品生产或无土种植作物正在增加（Resh & Howard，2012）。实验室规模的研究证明，在这种条件下，植物对新兴污染物的吸收更有利。因此，需要进一步研究以了解水培条件下新兴污染物对人类健康的真正影响。这些研究包括对作物中存在的遗传毒性物质的人类健康风险评估、植物对新兴污染物代谢物的吸收及在植物中的合成转化。新兴污染物对植物代谢的影响和影响人类健康的内源性植物化合物的形成是未来需要进一步关注的领域。

8.8 致谢

感谢西班牙经济与竞争部（MEC）通过项目 AGL2014-59353-R 提供的经

济支持。维克多·马塔莫罗斯（Victor Matamoros）博士感谢西班牙经济与竞争部提供的（RYC-2013-12522）项目支持。

8.9 原著参考文献

Bartha B., Huber C. and Schröder P. (2014). Uptake and metabolism of diclofenac in Typha latifolia – How plants cope with human pharmaceutical pollution. *Plant Science*, **227**, 12–20.

Becerra-Castro C., Lopes A. R., Vaz-Moreira I., Silva E. F., Manaia C. M. and Nunes O. C. (2015). Wastewater reuse in irrigation: a microbiological perspective on implications in soil fertility and human and environmental health. *Environment International*, **75**, 117–135.

BIO by Deloitte (2015). Optimising water reuse in the EU – Final report prepared for the European Commission (DG ENV), Part I. In collaboration with ICF and Cranfield University.

Blaine A. C., Rich C. D., Hundal L. S., Lau C., Mills M. A., Harris K. M. and Higgins C. P. (2013). Uptake of perfluoroalkyl acids into edible crops via land applied biosolids: field and greenhouse studies. *Environmental Science and Technology*, **47**(24), 14062–14069.

Briggs G. G., Bromilow R. H. and Evans A. A. (1982). Relationships between lipophilicity and root uptake and translocation of non-ionised chemicals by barley. *Pesticide Science*, **13**(5), 495–504.

Calderón-Preciado D., Jiménez-Cartagena C., Matamoros V. and Bayona J. M. (2011). Screening of 47 organic microcontaminants in agricultural irrigation waters and their soil loading. *Water Research*, **45**(1), 221–231.

Calderón-Preciado D., Renault Q., Matamoros V., Cañameras N. and Bayona J. M. (2012). Uptake of organic emergent contaminants in spath and lettuce: an in vitro experiment. *Journal of Agricultural and Food Chemistry*, **60**(8), 2000–2007.

Calderón-Preciado D., Matamoros V., Biel C., Save R. and Bayona J. M. (2013a). Foliar sorption of emerging and priority contaminants under controlled conditions. *Journal of Hazardous Materials*, **260**, 176–182.

Calderón-Preciado D., Matamoros V., Savé R., Muñoz P., Biel C. and Bayona J. M. (2013b). Uptake of microcontaminants by crops irrigated with reclaimed water and groundwater under real field greenhouse conditions. *Environmental Science and Pollution Research*, **20**(6), 3629–3638.

Cañameras N., Comas J. and Bayona J. M. (2016). Bioavailability and uptake of organic micropollutants during crop irrigation with reclaimed wastewater: Introduction to current issues and research needs. In: Wastewater Reuse and Current Challenges, D. Fatta-Kassinos, D. D. Dionysiou and K. Kümmerer (eds), Springer International Publishing, Cham, pp. 81–104.

Carter L. J., Williams M., Böttcher C. and Kookana R. S. (2015). Uptake of pharmaceuticals influences plant development and affects nutrient and hormone homeostases. *Environmental Science and Technology*, **49**(20), 12509–12518.

Carvalho P. N., Basto M. C. P., Almeida C. M. R. and Brix H. (2014). A review of plant–pharmaceutical interactions: from uptake and effects in crop plants to phytoremediation in constructed wetlands. *Environmental Science and Pollution Research*, **21**(20), 11729–11763.

Coleman J. O. D., Blake-Kalff M. M. A. and Davies T. G. E. (1997). Detoxification of xenobiotics by plants: chemical modification and vacuolar compartmentation. *Trends in Plant Science*, **2**(4), 144–151.

Dodgen L. K., Ueda A., Wu X., Parker D. R. and Gan J. (2015). Effect of transpiration on plant accumulation and translocation of PPCP/EDCs. *Environmental Pollution*, **198**, 144–153.

Eggen T. and Lillo C. (2012). Antidiabetic II drug metformin in plants: uptake and translocation to edible parts of cereals, oily seeds, beans, tomato, squash, carrots, and potatoes. *Journal of Agricultural and Food Chemistry*, **60**(28), 6929–6935.

Eggen T., Heimstad E. S., Stuanes A. O. and Norli H. R. (2013). Uptake and translocation of organophosphates and other emerging contaminants in food and forage crops. *Environmental Science and Pollution Research*, **20**(7), 4520–4531.

Franklin A. M., Williams C. F., Andrews D. M., Woodward E. E. and Watson J. E. (2016). Uptake of three antibiotics and an antiepileptic drug by wheat crops spray irrigated with wastewater treatment plant effluent. *Journal of Environmental Quality*, **45**(2), 546–554.

Goldstein M., Shenker M. and Chefetz B. (2014). Insights into the uptake processes of wastewater-borne pharmaceuticals by vegetables. *Environmental Science and Technology*, **48**(10), 5593–5600.

Graber E. R. and Gerstl Z. (2011). Organic micro-contaminant sorption, transport, accumulation, and root uptake in the soil-plant continuum as a result of irrigation with treated wastewater. *Israel Journal of Plant Sciences*, **59**(2–4), 105–114.

Haham H., Oren A. and Chefetz B. (2012). Insight into the role of dissolved organic matter in sorption of sulfapyridine by semiarid soils. *Environmental Science and Technology*, **46**(21), 11870–11877.

Hurtado C., Cañameras N., Domínguez C., Price G. W., Comas J. and Bayona J. M. (2016a). Effect of soil biochar concentration on the mitigation of emerging organic contaminant uptake in lettuce. *Journal of Hazardous Materials*, **323**, 386–393.

Hurtado C., Domínguez C., Pérez-Babace L., Cañameras N., Comas J. and Bayona J. M. (2016b). Estimate of uptake and translocation of emerging organic contaminants from irrigation water concentration in lettuce grown under controlled conditions. *Journal of Hazardous Materials*, **305**, 139–148.

Hyland K. C., Blaine A. C., Dickenson E. R. V. and Higgins C. P. (2015a). Accumulation of contaminants of emerging concern in food crops – part 1: edible strawberries and lettuce grown in reclaimed water. *Environmental Toxicology and Chemistry*, **34**(10), 2213–2221.

Hyland K. C., Blaine A. C. and Higgins C. P. (2015b). Accumulation of contaminants of emerging concern in food crops – part 2: plant distribution. *Environmental Toxicology and Chemistry*, **34**(10), 2222–2230.

Joseph S. and Taylor P. (2014). Advances in Biorefineries. Woodhead Publishing, pp. 525–555.

Kvesitadze G., Khatisashvili G., Sadunishvili T. and Kvesitadze E. (2016). Plants, Pollutants and Remediation, pp. 241–308.

LeFevre G. H., Müller C. E., Li R. J., Luthy R. G. and Sattely E. S. (2015). Rapid phytotransformation of benzotriazole generates synthetic tryptophan and auxin analogs in arabidopsis. *Environmental Science and Technology*, **49**(18), 10959–10968.

Limmer M. A. and Burken J. G. (2014). Plant translocation of organic compounds: molecular and physicochemical predictors. *Environmental Science and Technology Letters*, **1**(2), 156–161.

Lonigro A., Rubino P., Lacasella V. and Montemurro N. (2016). Faecal pollution on vegetables and soil drip irrigated with treated municipal wastewaters. *Agricultural Water Management*, **174**, 66–73.

Malchi T., Maor Y., Tadmor G., Shenker M. and Chefetz B. (2014). Irrigation of root vegetables with treated wastewater: evaluating uptake of pharmaceuticals and the associated human health risks. *Environmental Science and Technology*, **48**(16), 9325–9333.

Mattina, Isleyen M., Eitzer B. D., Iannucci-Berger W. and White J. C. (2006). Uptake by cucurbitaceae of soil-borne contaminants depends upon plant genotype and pollutant properties. *Environmental Science and Technology*, **40**(6), 1814–1821.

Mc Farlane C. and Trapp S. (1994). Plant Contamination: Modeling and Simulation of Organic Chemical Processes. CRC Press, Boca Raton, Fl, USA.

McFarlane J. C. and Trapp S. (1995). Plant Contamination: Modeling and Simulation of Organic Chemical Processes. Lewis Publishers, Boca Raton, Florida.

Miller E. L., Nason S. L., Karthikeyan K. G. and Pedersen J. A. (2016). Root uptake of pharmaceuticals and personal care product ingredients. *Environmental Science and Technology*, **50**(2), 525–541.

Naidu R., Arias Espana V. A., Liu Y. and Jit J. (2016). Emerging contaminants in the environment: risk-based analysis for better management. *Chemosphere*, **154**, 350–357.

Öztürk M., Ashraf M., Aksoy A., Ahmad M. S. A. and Hakeem K. R. (eds) (2016). Plants, Pollutants and Remediation, Springer, Dordrecht, Netherlands.

Paltiel O., Fedorova G., Tadmor G., Kleinstern G., Maor Y. and Chefetz B. (2016). Human exposure to wastewater-derived pharmaceuticals in fresh produce: a randomized controlled trial focusing on carbamazepine. *Environmental Science and Technology*, **50**(8), 4476–4482.

Pan M., Wong C. K. C. and Chu L. M. (2014). Distribution of antibiotics in wastewater-irrigated soils and their accumulation in vegetable crops in the Pearl River Delta, Southern China. *Journal of Agricultural and Food Chemistry*, **62**(46), 11062–11069.

Petrie B., Barden R. and Kasprzyk-Hordern B. (2015). A review on emerging contaminants in wastewaters and the environment: current knowledge, understudied areas and recommendations for future monitoring. *Water Research*, **72**, 3–27.

Prosser R. S. and Sibley P. K. (2015). Human health risk assessment of pharmaceuticals and personal care products in plant tissue due to biosolids and manure amendments, and wastewater irrigation. *Environment International*, **75**, 223–233.

Reeves M. (1998). Bioavailability in environmental risk assessment. Steve E. Hrudey, Weiping Chen, and Colin G. Rousseaux, Lewis Publishers/CRC Press, Inc., Boca

Raton, FL, (1996), 294 pages, [ISBN No.: 1-56670-186-4]. *US Environmental Progress*, **17**(1), S8-S8.

Resh H. M. and Howard M. (2012). Hydroponic Food Production: A Definitive Guidebook for the Advanced Home Gardener and the Commercial Hydroponic Grower. In Santa Bárbara, California EUA (Sixth).

Riemenschneider C., Al-Raggad M., Moeder M., Seiwert B., Salameh E. and Reemtsma T. (2016). Pharmaceuticals, their metabolites, and other polar pollutants in field-grown vegetables irrigated with treated municipal wastewater. *Journal of Agricultural and Food Chemistry*, **64**(29), 5784-5792.

Roberts S., Higgins C. and McCray J. (2014). Sorption of emerging organic wastewater contaminants to four soils. *Water*, **6**(4), 1028.

Schwab F., Zhai G., Kern M., Turner A., Schnoor J. L. and Wiesner M. R. (2016). Barriers, pathways and processes for uptake, translocation and accumulation of nanomaterials in plants – critical review. *Nanotoxicology*, **10**(3), 257-278.

Shargil D., Gerstl Z., Fine P., Nitsan I. and Kurtzman D. (2015). Impact of biosolids and wastewater effluent application to agricultural land on steroidal hormone content in lettuce plants. *Science of the Total Environment*, **505**, 357-366.

Shenker M., Harush D., Ben-Ari J. and Chefetz B. (2011). Uptake of carbamazepine by cucumber plants. A case study related to irrigation with reclaimed wastewater. *Chemosphere*, **82**(6), 905-910.

Simonich S. L. and Hites R. A. (1995). Organic pollutant accumulation in vegetation. *Environmental Science and Technology*, **29**(12), 2905-2914.

Takaki K., Wade A. J. and Collins C. D. (2014). Assessment of plant uptake models used in exposure assessment tools for soils contaminated with organic pollutants. *Environmental Science and Technology*, **48**, 12073-12082.

Tilman D., Cassman K. G., Matson P. A., Naylor R. and Polasky S. (2002). Agricultural sustainability and intensive production practices. *Nature*, **418**(6898), 671-677.

Tolls J. (2001). Sorption of veterinary pharmaceuticals in soils: a review. *Environmental Science and Technology*, **35**(17), 3397-3406.

Trapp S. (2004). Plant uptake and transport models for neutral and ionic chemicals. *Environmental Science and Pollution Research*, **11**(1), 33-39.

Trapp S. (2009). Bioaccumulation of polar and ionizable compounds in plants. In: Ecotoxicology Modeling, J. Devillers (ed.), Springer US, Boston, MA, pp. 299-353.

Trapp S. and Eggen T. (2013). Simulation of the plant uptake of organophosphates and other emerging pollutants for greenhouse experiments and field conditions. *Environmental Science and Pollution Research*, **20**(6), 4018-4029.

UN-WATER (2016). The United Nations inter-agency coordination mechanism for all freshwater related issues, including sanitation.

Wu C., Spongberg A. L., Witter J. D., Fang M. and Czajkowski K. P. (2010). Uptake of pharmaceutical and personal care products by soybean plants from soils applied with biosolids and irrigated with contaminated water. *Environmental Science and Technology*, **44**(16), 6157-6161.

Wu X., Ernst F., Conkle J. L. and Gan J. (2013). Comparative uptake and translocation of pharmaceutical and personal care products (PPCPs) by common vegetables. *Environment International*, **60**, 15-22.

Wu X., Conkle J. L., Ernst F. and Gan J. J. (2014). Treate wastewater irrigation: uptake of pharmaceutical and personal care products by common vegetables under field conditions. *Environmental Science and Technology,* **48**, 11286–11293.

Wu X., Dodgen L. K., Conkle J. L. and Gan J. (2015). Plant uptake of pharmaceutical and personal care products from recycled water and biosolids: a review. *Science of the Total Environment,* **536**, 655–666.

Wu X., Fu Q. and Gan J. (2016). Metabolism of pharmaceutical and personal care products by carrot cell cultures. *Environmental Pollution,* **211**, 141–147.

第 9 章

污泥堆肥与土地利用

9.1 概述

生物固体（biosolids）是指经过处理后满足法规要求可用于土地的污水污泥，形态上呈固体、半固体或液体。这个概念是在 20 世纪 90 年代由污水处理行业提出的，后被美国环境保护署（U.S. EPA）采纳，以区分经过处理的高质量污泥产物与原水污泥及含有大量污染物的市政污泥（Evanylo, 2009）。除此之外，生物固体有时指经过消化稳定的产物。稳定化处理能够分解污泥中的有机质，减少臭味，并消灭污泥中大部分的病原体。经过稳定化处理的污泥可以满足安全、有益的资源利用标准。马特奥萨加斯塔（Mateo-Sagasta）等（2010）曾提到，经过适当处理的市政污泥可以被称为生物固体，如果其满足安全利用标准，则能够在市场中进行流通或交易，如进行土地利用。此外，佐帕斯（Zorpas）（2012）提到，市政污泥是具有高有机质和营养含量的污水工业"副产品"，传统做法是将其用作土壤肥料（堆肥后）。

9.2 生物固体监管条例

许多管理条例都会影响污泥管理，但最具影响力的是水资源保护指令 2000/60/EC（源自欧盟水资源框架指令，Water Framework Directive，WFD）、市政污水处理 91/271/EEC（Waste Water Treatment，WWT）、欧盟垃圾填埋场指令 99/31/EC 和欧盟污泥农业利用指令 86/278/EEC。需要指出的是，WFD 旨在逐渐减少污染物排放对城市水环境的影响，而 91/271/EEC 指令重点关注城市污水处理，旨在保护水环境免受市政污水和工业废水排污的不利影响（European Commission, 2001; Inglezakis et al., 2014; European Commission website, 2016)。91/271/EEC 指令旨在鼓励将污泥进行农业利用，并规范其使用，以防止污泥对土壤、植物、动物和人体产生有害影响。特别是 91/271/EEC 指令第 14 章规定：污水处理产生的污泥应在适当的时候重复使用，处置路线需尽量减少污泥对环境的不良影响。此外，欧盟关于垃圾填埋场的指令 99/31/EC 也对污水污泥的处置产生了影响，尤其对生物可降解垃圾填埋方面的新标准进一步严格（当时指出，到 2016 年前，垃圾填埋场填埋的可生物降解废弃物的比例应降至 35% 以下）。此外，凯莱西迪斯（Kelessidis）与斯塔西纳基斯（Stasinakis）（2012）指出，涉及污泥管理的主要立法文本是欧盟污泥农业利用指令 86/278/EEC。该指令旨在鼓励人们安全地开展污泥农业利用，并规范其使用，以防止污泥对土壤、植物、动物和人体产生有害影响。此外，该指令还规定了污泥和土壤的取样和分析规则，规定了污泥和土壤中重金属浓度的限值（见表 9-1）。

表 9-1 86/278/EEC 指令的附录 IA，IB，IC

金属种类	土壤中重金属浓度限值［绝干物质(mg/kg, 6＜pH＜7)]	农用污泥累积重金属浓度限值（绝干物质，mg/kg）	农业利用 10 年的年平均重金属浓度限值（kg/hm^2/y）
镉	1～3	20～40	0.15
铜	50～140	1000～1750	12.00
汞	1～1.5	16～25	0.10
镍	30～75	300～400	3.00
铅	50～300	750～1200	15.00
锌	150～300	2500～4000	30.00

根据美国环境保护署 1999 年出台的法案，生物固体在资源化利用前必须满足美国联邦法典第 40 卷第 503 部分（简称 503 法案）"市政污泥处置及利用标准"。503 法案中关于生物固体土地利用的规范可确保用于土地的生物固体中的病原体和重金属的含量低于规定水平，以此保护人体和动植物的健康和安全。503 法案根据病原体含量将生物固体分为 A 级和 B 级，其中，A 级生物固体必须经过适当处理，确保病原体（包括致病菌、肠道病毒及寄生虫卵）含量不超过检测限值。A 级生物固体可通过袋装进入市场流通。B 级生物固体中的病原体含量应根据应用场景的不同降低至不会对人类和环境造成危害的限

值。B 级生物固体不能在公众可以接触到的环境中使用（如草坪或家庭园艺），但若其满足 503 法案中对重金属、苍蝇吸引指数及其他管理指标的要求，则可以在农业、林业及土壤修复等场景中使用。生物固体只要符合 503 法案中关于填埋场的要求，就可以作为填埋场的表层覆土使用。

9.3 生物固体的特性

生物固体在进行土地利用之前，需进行生物、化学和物理性质分析，其中，化学性质分析是重中之重。含固率可能是决定污泥体积和污泥形态（固态或液态）的重要参数。无机污泥密度一般为 2～2.5，而有机污泥密度为 1.2～1.3（Al-Malack & Rahman, 2012）。污泥的流变特性是能够描述污泥物理性质的少数基础参数之一。污泥介于牛顿流体（剪应力与速度梯度成正比）和塑性流体（污泥开始流动前必须达到剪应力阈值）之间，大部分污泥都是假塑性流体。以下是一些重要参数（Evanylo, 2009; Zorpas, 2012a,b; Al-Malack & Rahman, 2012）。

（1）总固体含量（Total solids，TS）：常用来表示生物固体中的固体浓度，包括悬浮固体（SS）和溶解性固体（DS）。该值的高低取决于前端污水处理工艺和土地利用前的处理手段。污泥处理各环节典型的 TS 范围为液体状态（2%～12%）、脱水（12%～30%）、干化或堆肥（50%）。

（2）挥发性固体含量（VS）：常表示总固体含量的百分比，代表生物固体中可溶解的有机质含量。减少 VS 和消除臭味的常见工艺有厌氧消化、好氧发酵、碱性稳定（石灰稳定）和堆肥。

（3）pH 值代表酸碱度水平。石灰常用来提高生物固体的 pH 值以减少病原体含量和苍蝇吸引指数。当 pH 值大于 11 时，石灰几乎能杀死所有病原体，并降低大多数重金属的溶解度、生物吸收度和流动性。

（4）添加石灰会使氮元素以氨气的形式挥发，从而使生物固体中的氮肥值减少。

（5）广义上的病原体是指寄生虫与微生物，通常会引起疾病（Biosolids Applied to Land, 2002）。如果在农作物耕地中使用由污泥制成的生物固体，则会对人类造成危害。在市政污水和污泥中较常见的微生物有沙门氏菌属、大肠埃希菌属、志贺氏菌属等细菌；甲型肝炎病毒和埃可病毒等肠道病毒；痢疾变形虫和蓝氏贾第鞭毛虫等原生动物；蛔虫属、毛鞭虫、犬弓形虫等寄生虫。

（6）营养物是植物生长所需的元素，也是生物固体具有经济价值的原因。主要营养元素包括氮（N）、磷（P）、钾（K）、钙（Ca）、镁（Mg）、钠（Na）、硫（S）、硼（B）、氨（NH_4）。这些营养元素在生物固体中的含量差异可能很大，在进行土地利用时应对其进行充分分析。

（7）生物固体中的重金属含量通常是关注重点，其中一些微量元素（如铜、钼、锌）在浓度较低时可以作为植物生长所需的养分，但在浓度较高时会对人类、动物或植物造成危害。有研究表明（Zorpas et al., 2011; Zorpas, 2011, 2014）市政污水中潜在的有毒元素（如 Zn、Cu、Ni、Cd、Pb、Cr、Hg、As、Mo）主要来自工业废水，而污泥中的重金属浓度主要取决于工业废水的类型和规模。由于重金属通常为不可溶性，因此其在污泥中的浓度（或含量）通常高于市政污水，且使用脱水方式降低污泥中重金属含量的效果不明显（Process Design Manual, 1995）。

（8）施用污泥的堆肥腐熟度不够与有机酸缺失会导致植物中毒。将腐熟稳定的污泥用于列植或容器栽培比较可取，因为不稳定或未腐熟的污泥通常会散发恶臭且毒性较高，其中高浓度的 NH_3、盐分和有机酸会影响种子发芽指数（GI）。佐帕斯（Zorpas, 2008, 2009）提出了 GI 范围与植物毒性之间的关系：当 0 < GI < 26 时，生物固体的植物毒性较强；当 27 < GI < 66 时，生物固体具有植物毒性；当 67 < GI < 100 时，生物固体不具有植物毒性；当 GI > 101 时，生物固体具有较好的植物营养价值。

9.4 生物固体的利用

生物固体的主要利用方式有（Vasileski, 2007）：作为农作物肥料或土壤改良剂用于农业土地；用于非农业的林业、土壤修复、土地复垦-改造（道路、城市湿地）、矿山修复、园林绿化（风景区或家庭用途）；用于能源回收和生产热能（焚烧或气化），作为石油生产和水泥生产的原料；商业用途。佐帕斯（Zorpas, 2008）认为土地利用是生物固体（或污泥）最重要的利用途径之一，将生物固体（或污泥）用作作物的肥料或土壤改良剂是一种古老而传统的做法，在提升作物产量方面优于化肥（Vasileski, 2007）。生物固体用于农业已有多年的历史。

垃圾填埋场通过将废弃物集中处置，可为生物固体的处理提供最简单的

第 9 章
污泥堆肥与土地利用

解决办法。如果垃圾填埋场建设和运营得当,那么生物固体释放污染物和病原体的风险比较低。即使从成本方面考虑,垃圾填埋场也是一个较优选择,但是垃圾填埋场并非没有风险。埋在地下的有机废弃物在厌氧条件下产生甲烷,同时对于没有防渗措施的老旧垃圾填埋场和发生泄漏的新建垃圾填埋场,其泄漏的渗滤液中含有的高浓度重金属成分会对当地地下水构成威胁。此外,将固体废弃物填埋还会浪费其中有价值的有机成分与营养元素。将污水洒在土地上也被称为"土地处理",这种处理方式历史悠久,最早发现于约 4000 年前的米诺斯文明中古代宫殿和复杂的城市排水系统(Angelakis et al., 2005)。而在现代社会,为了满足日益增长的用水需求,防止环境恶化,确保可持续发展,污水管理极为重要,这对污水管理理念创新和市政污泥再生利用提出了新的要求(Paranychianakis et al., 2006)。美国有超过一半的生物固体用于土地(Lyberatos et al., 2011),而欧盟约为 40%(见表 9-2)(WRc, Milieu, Ltd. & RPA, 2008)。污泥用于土地的处置方式通常比其他方式的成本更低,可节省投资和运行成本。而且营养物质和有机质的循环利用对于关心环境保护和资源节约的使用者来说更有吸引力。

污泥回用于土地的方式在加拿大、美国和欧洲已流行了 40 多年。许多研究表明,将污泥或污泥堆肥后的产品用于土地可对玉米等作物产量和土壤质量产生积极影响(Tiffany et al., 2000; Zorpas, 2012a)。虽然有极少数案例是消极影响,但高碳氮比、重金属超标、高盐分或施用过量是造成作物减产、土壤质量降低的主要原因。污泥中的主要植物营养元素是 N。此外还提供其他植物所需的大量的微量元素(Zorpas, 2009)。据报道,污泥及其堆肥产品中的氮元素利用率为 0%~56%(Zorpas, 2012b),当污泥施用量超过作物需要和土壤吸收能力的上限时,其释放的硝酸盐可能会对地下水造成污染(秋冬季格外明显),还会造成动物(尤其食草动物)体内有毒物质聚集和地表水磷污染。

中国是世界上发展最快的经济体之一(LeBlanc et al., 2008),技术更新迭代快。据报道,中国城市污水排放总量的年增长率已达到 5.4%。污水及污泥的管理由国家相关部委监管。2007 年,由中华人民共和国住房和城乡建设部发布的 GB/T 23484—2009《城镇污水处理厂污泥处置 分类》及相关标准中指出污泥处置有 4 种方式,即土地利用、填埋、建筑材料利用和焚烧。中国在不断地加强对污水及污泥的规范管理,其中有很多跨越式的超前政策,如鼓励将污泥回用于土地、限制污泥在粮食等农作物种植场所和牧场中使用、对重金属、二噁英和呋喃的使用进行限制（此处可对比美国与欧盟政策），以及对持久性有机污染物和内分泌干扰物重点关注。在中国，生物固体用于农业土地是最常见的使用或处置方式。俄罗斯也与中国一样面临许多紧迫问题（LeBlanc et al., 2008），其污水处理基础设施有些已有50年以上的历史。在污水及污泥管理方面，俄罗斯拥有相当丰富的经验，但在加强制度规范和落实制度实施方面仍需进一步努力。巴西和墨西哥（LeBlanc et al., 2008）也在研究污泥土地利用方式，两国均有部分示范项目展示了这种处置方式的潜在价值与可控风险。巴西对污泥用于土地的地面坡度、可施用污泥的作物种类及每年施用污泥的时间都进行了规定，避免雨季产生过量径流。澳大利亚的大部分地区（尤其是西澳）（LeBlanc et al., 2008）的农业土壤呈酸性，土壤养分也较匮乏，将生物固体用于土地能够显著改善土壤条件与作物产量，这一点从当地对生物固体的高需求能看出来。生物固体可通过拖拉机或肥料撒播器施用于土地，施用量可根据污染物负荷、养分负荷和植物养分需求确定。澳大利亚西南部的城市珀斯则兼顾单位面积作物（如油菜、小麦、燕麦）对氮需求（针对脱水泥饼）及土壤pH需求（针对石灰改性的生物固体）来确定施用生物固体的量。而氮元素施用量的计算是基于假设总氮吸收率为15%、磷的有效利用率为21%的条件进行的。脱水泥饼的施用量通常为$8t/hm^2$（绝干量），污泥在施用后会在36 h内融入土壤中。

表9-2 欧盟部分国家和地区主要污泥处置方式

国家和地区	年污泥处理总量（t/y）	土地利用(%)	填埋（%）	焚烧（%）	其他（%）
奥地利	266 100	18	12	48	22
保加利亚	29 987	40	—	—	—
比利时	136 260	—	—	—	—
布鲁塞尔	2967	0	55	10	45
塞浦路斯	7586	41	50		9
捷克	231 000	26	60	—	14
丹麦	140 021	59	61	6	10
芬兰	147 000	3	40	2	55
法国	1 125 000	70	5	25	

续表

国家和地区	年污泥处理总量（t/y）	土地利用(%)	填埋(%)	焚烧(%)	其他(%)
德国	2 056 486	29	10	21	40
希腊	167 289	3	96	0	1
匈牙利	128 380	26	—	—	—
爱尔兰	42 147	63	37	0	—
意大利	1 070 080	18	28	2	52
拉脱维亚	23 942	37	—	—	—
立陶宛	76 450	32	—	—	—
卢森堡	7750	43	42	0	15
波兰	523 674	17	—	—	—
葡萄牙	408 710	46	40	—	14
罗马尼亚	137 145	0	—	—	—
斯洛伐克	54 780	0	—	—	—
斯洛文尼亚	21 139	0	—	—	—
西班牙	1 064 972	65	25	10	—
瑞典	210 000	14	42	5	39
荷兰	550 000	0	0	58	28

焚烧（Evanylo, 2009）能够减少污泥体积，杀灭病原体，破坏大部分有机化学物质并提供能量。而燃烧后的灰分是一种稳定的、相对惰性的无机组分，约占污泥原来体积的10%～20%。由于微量元素在焚烧时并不会被破坏，因此大部分微量元素最终会进入到灰分中，使其在灰分中的含量增加5～10倍。污泥在焚烧过程中会释放温室气体二氧化碳，同时由于这种工艺需要复杂的系统去除细颗粒物（如飞灰）和烟气中的挥发性污染物，因此其投资和运行成本较一般的污泥处理工艺高。此外，含有高浓度微量元素的飞灰常需要填埋处置，这样就会失去利用污泥中有机质和营养物质这个潜在优势。那欧姆（Naoum）团队（1999）和佐帕斯（Zorpas）团队（2001）分别研究了热处理对污泥的影响，研究结果表明，提前分析污泥中的盐分与重金属含量对选择合适的烟气净化系统相当重要。污泥热处理与填埋相比有一个显著优势，即这种

处理方式能够大幅度地降低污泥中有机质的含量，同时能通过高温降低重金属含量。佐帕斯（Zorpas）（2001）提到，当污泥焚烧温度达到900℃时，污泥减重可达到84%。当干化污泥（在105℃下）焚烧温度达到900℃时，质量减少56.4%；当干化污泥（在105℃下）焚烧温度达到650℃时，质量减少45%（见图9-1）。

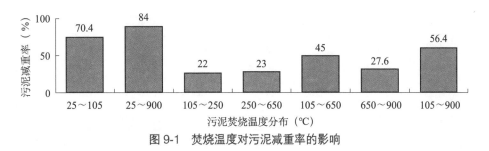

图9-1 焚烧温度对污泥减重率的影响

9.5 堆肥

评价污泥堆肥效果的几项重要指标为病原体、重金属、盐分、臭气、稳定程度、pH值、植物毒性和粒径。与污泥相比，生活垃圾的堆肥评价指标略有不同，主要为病原体、重金属、盐分、硼含量、稳定程度、臭气、腐熟程度、pH值、EC、惰性组分含量（塑料、金属、玻璃）、腐殖质和粒径。园林垃圾的堆肥评价指标包括稳定程度、成熟程度、臭气、pH值和腐殖质。污泥堆肥后的产物与其他固体废弃物的产物类似，但其中最重要的指标为重金属含量、金属浸出性、腐殖质、pH值、电导率、病原体含量、植物毒性、腐熟程度和稳定程度（Zorpas, 2009; Zorpas, 2012a,b）。堆肥通过分解有机物、消灭病原体、减少污泥体积为污泥处理处置提供一种简单又经济的处理方式（Zorpas et al., 1999）。堆肥产物也可以用作肥料或土壤改良剂，因其含有大量的有机成分。但堆肥产物中过高的重金属含量导致其无法用于土地（Wong et al., 1999）。污泥中的有毒成分也应进行特殊的处理处置。大多数市政污泥来源于市政污水，这也是其受重金属污染的主要原因（Sims & Skline, 1991; Garcia-Delgado et al., 1994; Zorpas et al., 1998）。这些重金属会从污泥中析出而进入生态系统和食物链，最终进入人体内部。沸石可作为重金属清除剂来使用。天然沸石如斜发沸石（clinoptilolite）能够通过离子交换来吸收和去除重金属。在污泥堆肥过程中添加天然沸石已被证明是一种有前景的降低污泥中重金属含量的方法（Zorpas et al., 2000, 2003）。过去十年中，沸石的阳离子交换特性和分子筛分特性使其得到广泛利用（Zorpas et al., 2009; Zorpas, 2012b）。此外，重金属总浓度虽然不能提供环境中重金属的生物利用度、毒性和再活化能力等有用信息，但其化学成分可以表明这些重金属与哪些可迁移组分和迁移形态有关（Zorpas et al., 2008）。

将污泥与钾含量较高的畜禽粪便或其他可发酵固体废弃物（如秸秆、生活垃圾、园林废弃物等）协同堆肥，可提高产物的钾含量，生成更高质量的堆肥产物。将堆肥产物用于作物栽培具有很大的优势，因为它可以减少化肥和磷肥的投入，并且能防止土地退化。在堆肥过程中，有机组分在微生物作用下逐渐分解稳定，含水率降低，营养成分逐渐聚集（Zorpas, 2009）。然而，在处理过程中，污泥可能含有的病原体（如沙门氏菌和肠道病毒）（Zorpas, 2009）和重金属既会污染土壤也会影响植物根系吸收（Zorpas, 2011），特别在园艺或者使用沸石的时候，这种情况格外明显（Zorpas et al., 2008; Zorpas, 2008）。许多文献阐述了市政污泥用于不同土壤（包括农用土壤）的优点，在不同的天气状况下使用不同来源的堆肥产物，其营养成分的变化具有较大的差异（Zorpas, 2009; Hamidpour, 2012）。在状态不佳或较差的土壤中使用堆肥产物可以改善土壤的物理性质，包括持水能力、容重和聚集性（LeBlanc et al., 2008）。

9.6 生物固体的影响评价

污泥处置需要具备精细的管理水平，但其难易程度往往取决于处置成本。国家与地方的地理条件、农业水平、经济水平与利益相关方的诉求等因素对污泥处置有相当大的影响，以一种经济和环境均可接受的方式管理污水和污泥显得越来越重要。为了应对生物固体中的氮磷钾等营养元素、重金属、有机质对地下水的潜在影响及饮用水中日益增加的硝酸盐含量，欧洲对于农用土地中所有可能用到的氮肥进行了限制，包括市政污泥（欧盟，1991）。生物固体中氮元素的含量比氮类肥料更低（1%～6%），相比于未经处理的市政污水，生物固体（尤其是堆肥产物）中有机质的稳定度更高，由此可见，即使生物固体施用量很高，硝酸盐浸出的风险也很小（Smith, 1996）。每年的氮利用量只占总氮利用量的一小部分（约 10%）。相对于其他废弃物（如畜禽粪便）中的氮，污泥中有机氮的矿化过程更加缓慢。由于污泥中含有的各类病原体直接来源于人或动物的排泄物，或在污水输送到处理厂的过程中增殖，因此在农业中使用污泥可能会对人或动物的健康造成危害。这些健康风险可能是直接的，如食用被污染的作物；也可能是间接的，如食用的动物是致病菌的携带者。瑞典的一项研究（Sahlstrom et al., 2004）调查了 8 个瑞典污水处理厂中存在的细菌病原体（沙门氏菌、李斯特菌、弯曲杆菌、大肠杆菌）。德卢卡（De Luca, 1998）指出，李斯特菌是一种存在于污泥中的重要的人体致病菌。当前，一个主要的环境影响因素来自于制药行业（Zorpas et al., 2012）。大量处方药和非处方药（如消炎药和镇痛药）每天出现在人们的生活中，有些未被吸收便随着消化排泄行为进入污泥。但目前尚未有数据表明污水中含有以上药物，无法估计此类风险。根据以往经验，污泥中重金属含量的限值根据植物的危害性确定，但考虑其在食物链中的累积性，这些限值已被进一步降低（Zorpas, 2012a,b）。施用重金属含量多的污泥可能会导致植被中相同重金属的浓度上升（Chang et al., 1987）。以镉为例，镉是一种会对人类健康造成重大危害的重金属（Chang et al., 1987），其会在许多植物中累积，如大豆（Heckman et al., 1987）、小麦（Lubben & Sauerbeck, 1989）、玉米（Rappaport et al., 1988）及其他作物（Keefer et al., 1986）。

9.7 结论

生物固体常被用来表示污泥。生物固体可作为一种可持续资源而非废弃物，或者作为一种能源，以减少对化石燃料的依赖，或用于土壤修复。这些方式都要求生物固体的品质达到一定水平再使用，而要达到相应水平则需要恰当的管理和有效的管控共同发力。目前，污泥土地利用仍是最主要的资源利用途径，在全世界范围内仍然具有无可比拟的经济效益。生物固体的物理化学性质在其最终应用前具有非常重要的作用。另外，典型的生物固体土地利用具有补充土壤中氮、磷、钾、有机质和营养物质的潜力，且不得含有超过限值的 As、Cd、Cr、Co、Cu、Pb、Hg、Mo、Ni 和 Zn 等重金属，且使用量不得超过本国关于最大使用量的规定限值。生物固体能改善土壤的物理化学性质，如有机质、持水量、养分、pH 值平衡、微量元素等。此外，它们还能增强生物活性，通过保水、通气等方式刺激根系生长，增加蠕虫和微生物的数量。

9.8 原著参考文献

Al-Malack H. M. and Rahman M. M. (2012). Municipal sludge: generation and characteristic's. In: Sewage Sludge Management; From the Past to Our Century, A. A. Zorpas and J. V. Inglezakis (eds), Nova Science Publishers Inc, NY, USA, pp. 7–35.

Angelakis A. N., Koutsoyiannis D. and Tchobanoglous G. (2005). Urban wastewater and stormwater technologies in the Ancient Greece. *Water Research*, **39**(1), 210–220.

Biosolids Applied To Land (2002). Advancing Standards and Practices. National Research Council, National Academy Press, Washington, DC USA.

Chang A. C., Hinesly T. D., Bates T. E., Doner H. E., Dowdy R. H. and Ryan J. A. (1987). Effects of long-term sludge application on accumulation of trace elements by crops. In: Land Application of Sludge, A. L. Page, T. J. Logan and J. A. Ryan (eds), Lewis Publishers Inc., Chelsea, pp. 53–66.

Commission of the European Communities (1986). Council directive (86/278/EEC) on the protection of the environment, and in particular of the soil, when sewage sludge is used in agriculture. *Official Journal of the European Communities*, **181**, 6–12.

Council of the European Communities (1991). Council directive of 12 December 1991 concerning the protection of waters against pollution caused by nitrates from agricultural sources (91/676/ EEC). *Official Journal of the European Communities*, **375**, 1–8.

De Luca G., Zanetti F., Fateh-Mofhadm P. and Stampi S. (1998). Occurrence of Listeria monocytogenes in sewage sludge. *Zentralbl Hyg Umweltmed*, **201**, 269–77.

Directive 2000/60/EC of the European Parliament and of the Council establishing a framework for the Community action in the field of water policy.

Directive 91/271/EEC of the European Communities of 21 May 1991 concerning urban waste water treatment.

Directive 99/31/EC of the European Communities of 29 April 1999 on the landfill of waste.

EPA (1999). Biosolids Generation Use and Disposal in the United States, USA Environmental Protection Agency, Solid Waste and Emergency Response, EPA530-R-99-009.

European Commission website, Environment/Waste webpage.

European Commission (2001). Pollutants in Urban Waste Water and Sewage Sludge. European Commission, DG Environment, Luxembourg: Office for Official Publications of the European Communities.

Evanylo G. K. (2009). Agricultural Land Application of Biosolids in Virginia: Production and Characteristics of Biosolids. Virginia State University,

Garcia-Delgado R. A., Garcia-Herruzo F., Gomez-Lahoz C. and Rodriguez-Maroto J. M. (1994). Heavy metals and disposal alternatives for an anaerobic sewage sludge. *Journal of Environmental Science and Health*, **A29**(7), 1335–1347.

Hamidpour M., Afyuni M., Khadivi E., Zorpas A. and Inglezakis V. (2012). Composted municipal waste effects on forms and plant availability of Zn and Cu in a calcareous soil. *International Agro Physics*, **26**, 365–374.

Heckman J. R., Angle J. S. and Chaney R. L. (1987). Residual effects of sewage sludge on soyabean: I. accumulation of heavy metals. *Journal of Environmental Quality*, **16**, 113–117.

Inglezakis J. V., Zorpas A. A., Samaras P., Voukkali I. and Sklari S. (2014). European Union legislation on sewage sludge management. *Fresenius Environmental Bulletin*, **23**(2), 635–639.

Keefer R. F., Singh R. N. and Horvath D. V. (1986). Chemical composition of vegetables grown on an agricultural soil amended with sewage sludges. *Journal of Environmental Quality*, **15**, 146–152.

Kelessidis A. and Stasinakis S. A. (2012). Comparative study of the methos used for treatment and final disposal of sewage sludge in European ciuntries. *Waste Management*, **32**, 1186–1195.

LeBlanc J. R., Matthews P. and Richard P. R. (2008). Globa Atlas of Excreta, Wastewater Sludge and Biosolids Management: Moving Forward the Sustainable and Welcome Uses of a Global Resources. United Nations Human Settlements Programme (UN-HABITAT), United Nations.

Lubben S. and Sauerbeck D. (1989). The Uptake of Heavy Metals by Spring Wheat and their Distribution in Different Plant Parts. Presented to Alternative Uses for Sewage Sludge held at York.

Lyberatos G., Sklivaniotis M. and Angelakis A. (2011). Sewage biosolids management in EU countries: chalanges and prospective. *Fresenius Environmental Bulletin*, **20**(9A), 2489–2495.

Mateo-Sagata J., Raschid-Sally L. and Thebo A. (2010). Global waste water and sludge production, treatment and use. In: Wastewater. Economic Asset in an Urbanizing World, P. Drechsel, M. Qadir and D. Wichelns (eds), Springer, Dordrecht, Heidelberg, New York, London, pp. 15–38.

Naoum C., Zorpas A., Savvides C., Haralambous K. J. and Loizidou M. (1999). Effects of thermal and acid treatment on the distribution of heavy metals in sewage sludge. *Journal Environmental Science and Health, Part A*, **33**(8), 741–1751.

Paranychanakis N. V., Angelakis A. N., Leverenz H. and Tchobanoglous G. (2006). Treatment of wastewater with slow rate systems: a review of treatment processes and plant functions. *Critical Reviews in Environmental Science and Technology*, **36**, 1–73.

Process Design Manual (1995). Land Application of Sewage Sludge and Domestic Septage. United States Environmental Protection Agency, Washington, DC.

Rappaport B. D., Martens D. C., Reneau Jnr R. B. and Simpson T. W. (1988). Metal availability in sludge-amended soils with elevated metal levels. *Journal of Environmental Quality*, **17**, 42–47.

Sahlstrom L., Aspan A., Bagge E., Danielsson-Tham M. L. and Albihn A. (2004). Bacterial pathogen incidences in sewage sludge from Swedish sewage treatment platns. *Water Research*, **38**, 46–52.

Sims J. T. and Skline J. S. (1991). Chemical fraction and plant uptake of heavy metals in soil amended with co-composted sewage sludge. *Journal of Environmental Quality*, **20**, 387–395.

Smith S. R. (1996). Agricultural Recycling of Sewage Sludge and the Environment. CAB International, Wallingford, UK.

Tiffany M. E., McDowell L. R., O Connor G. A., Nguyen H., Martin F. G., Wilkinson N. S. and Cardoso E. C. (2000). Effects of pasture-applied biosolids on forage and soil concentrations over a grazing season in North Florida. 1. Macrominerals, crude protein, and in vitro digestibility. *Communications in Soil Science and Plant Analysis*, **31**, 201–213.

Vasileski G. (2007). Beneficial uses of municipal wastewater residuals – Biosolids, Canadian Water and Wastewater Association, Final Report, Ottawa, Canada, pp. 1–26.

WEAO (Water Environment Association of Ontario) Residual and Bio solid Committee.

Wong J. W. C., Ma K. K., Fang K. M. and Cheung C. (1999). Utilization of manure compost for organic framing in Hong Kong. *Bioresource Technology*, **67**(1), 43–46.

WRc, Milieu, Ltd. and RPA (2008). Environmental, economic and social impact of the use of sewage sludge on land. Interim Report.

Zorpas A. A. (2008). Sewage sludge compost evaluation in oats, pepper and eggplant cultivation, dynamic soil. *Dynamic Plants, Global Science Book*, **2**(2), 103–109.

Zorpas A. A. (2009). Compost evaluation and utilization. In: Composting: Processing, Materials and Approaches, C. J. Pereira and L. J. Bolin (eds), Nova Science Publishers Inc, NY, USA, pp. 31–68.

Zorpas A. A. (2011). Metals selectivity from natural zeolite in sewage sludge compost. A function of temperature and contact time. In: Compost III. Dynamic Soil, Dynamic Plant, A. S. Ferrer (ed.), Vol. **5**(2), pp. 104–112.

Zorpas A. A. (2012a). Sewage sludge compost evaluation and utilization. In: Sewage Sludge Management; From the past to our Century, A. A. Zorpas and J. V. Inglezakis (eds), Nova Science Publishers Inc, NY, USA, pp. 173–216.

Zorpas A. A. (2012b). Contribution of zeolites in sewage sludge composting. In: Handbook on Natural Zeolite. J. V. Inglezakis and A. A. Zorpas (eds), Bentham Science Publishers Ltd, the Netherlands, pp. 182–199.

Zorpas A. A. (2014). Recycle and reuse of natural zeolites from composting process: a 7 years project. *Desalination and Water Treatment*, **52**, 6847–6857.

Zorpas A. A., Vlyssides A. G. and Loizidou M. (1998). Physical and chemical characteristic of anaerobically stabilized primary sewage sludge. *Fresenius Environmental Bulletin*, **7**, 502–508.

Zorpas A. A., Vlyssides G. A. and Loizidou M. (1999). Dewater anaerobically stabilized primary sewage sludge composting. Metal leach ability and uptake by natural clinoptilolite. *Communications in Soil Science and Plant Analysis*, **30**(11/12), 1603–1614.

Zorpas A. A., Constantinides T., Vlyssides A. G., Haralambous I. and Loizidou M. (2000). Heavy metal uptake by natural zeolite and metal partitioning in sewage sludge compost. *Bioresource Technology*, **72**(2), 113–119.

Zorpas A. A., Zorpas A. G., Vlyssides A., Karlis K. P. and Arapoglou D. (2001). Impact of thermal treatment on metal in sewage sludge from the Psittalias wastewater treatment plant, Athens, Greece. *Journal of Hazardous Material*, **82**(3/20), 291–298.

Zorpas A. A., Arapoglou D. and Panagiotis P. (2003). Waste paper and clinoptilolite as a bulking material with dewater anaerobically stabilized primary sewage sludge (DASPSS) for compost production. *Waste Management*, **23**, 27–35.

Zorpas A. A., Loizidou M. and Inglezakis V. (2008). Heavy metals fractionation before, during and after composting of sewage sludge with natural zeolite. *Waste Management*, **28**, 2054–2060.

Zorpas A. A., Inglezakis V., Stylianoy M. and Irene V. (2009). Sustainable treatment method of a high concentrated NH_3 wastewaterby using natural zeolite in closed-loop fixed bed systems. *Open Environmental Journal*, **3**, 70–76.

Zorpas A. A., Coumi C., Drtil M. and Voukkali I. (2011). Municipal sewage sludge characteristics and waste water treatment plant effectiveness under warm climate conditions. *Desalination and Water Treatment*, **36**, 319–333.

Zorpas A. A., Inglezakis V. and Voukkali I. (2012). Impact assessment from sewage sludge. In: Sewage Sludge Management; From the past to our Century, A. A. Zorpas and J. V. Inglezakis (eds), Nova Science Publishers Inc, NY, USA, pp. 327–364.

第 10 章

市政污泥的厌氧消化及能量回收

10.1 市政污泥的产生及特点

污水处理的主要目的是使污水能够达标排放，而这种净化过程的典型副产物是污泥。尽管污泥的来源和特性各不相同，但从总体上看，污泥处理占污水处理成本的很大一部分（包含人工成本和能耗）。污水处理设施在处理污水的过程中产生的污泥，按阶段可分为初沉污泥、生物污泥（产自生化阶段的活性污泥）和三级处理产生的化学污泥（如磷沉淀或悬浮物去除）。初沉污泥和生物污泥是一种有机质含量较高的污泥，需要在处置之前进行处理和稳定，其他污泥为惰性污泥或无机污泥。

稳定化污泥的产生量是相当重要的数据。欧盟和美国年产干污泥量为1000万t（Eurostat, 2014）和600万t（Kelessidis & Stasinakis, 2012）。

本章主要介绍通过厌氧消化工艺处理的初沉污泥和生物污泥。这种工艺能够显著减少污泥的重量和体积，回收沼气，更加卫生。由于初沉污泥和生物污泥的物理化学性质各不相同，因此这两种污泥的厌氧消化效率和厌氧产物有较大差别。

10.1.1 初沉污泥

初沉污泥是悬浮固体在初沉池中沉淀产生的污泥。因沉淀效率不同，故有40%～60%的进水悬浮物（及COD）会沉降并在该处理环节被去除。初沉污泥的绝干固体产生量的范围为40～50 g（人·d），体积为0.9～2.2 L（人·d），对应地，含固率为1%～6%。干污泥中的氮和磷含量分别为1%～5%和0.6%～2.8%。通过后续的生化阶段处理或添加絮凝剂可以增强初沉池的固体去除效果，初沉污泥产量会随之增加。

10.1.2 生物污泥

初沉污泥、生物污泥及混合污泥的物理化学性质见表10-1，从中可以看出，每人每天产生的生物污泥量为25～45 g，相应产量为1.4～7.3 L。对应地，含固率相对较低，范围为0.5%～1.5%。氮和磷的干污泥含量为2.5%～6%和1%～6%。磷的最大值取决于生化阶段中采用的是化学还是生物除磷工艺（Metcalf & Eddy, 2013）。生物污泥的生物可降解性和沼气回收率也与工艺有关。例如，活性污泥工艺停留时间较长，可提高污泥稳定性，但也降低了有机质含量（Vogel et al., 2000）。由此可见，采用较长的固体停留时间（SRT）的工艺产生的生物污泥的沼气产量较低（Bolzonella et al., 2005）。

表10-1　初沉污泥、生物污泥及混合污泥的物理化学性质

污泥种类	产量[L/(人·d)]	干污泥量[gDS/(人·d)]	含固率（%）	总氮含量（%）	总磷含量（%）
初沉污泥	0.9～2.2	45～60	1～6	1～5	0.6～2.8
生物污泥	1.4～7.3	25～45	0.5～1.5	2.5～6	1～6*
混合污泥	1.9～4.3	50～70	3～6	4～6	1～3

注：1. * 采用化学除磷或生物吸收法。
　　2. DS为绝干污泥。

10.1.3 污泥的处理处置

污水处理过程中产生的污泥可通过好氧或厌氧生物处理（或化学处理）使其部分稳定，减少易降解物质的含量。经过稳定化处理的污泥可通过土地利用、填埋或焚烧等方式处置。尽管填埋是一种较常见的最终处置方式，但污水处理厂需要先对污泥进行减量化处理，而厌氧消化工艺是实现这一目标的首选工艺。

10.2　市政污泥的厌氧消化工艺

采用厌氧消化工艺对剩余污泥进行处理在中型污水处理厂较常见。但厌氧消化工艺成本较高，一般用于处理规模超过7500 m/d的污水处理厂。从传统意义上讲，采用厌氧消化工艺的主要目的是减少污泥中的病原体和臭气含量，在这个基础上再考虑其在污泥减量和产沼气方面的作用。

中温厌氧消化工艺是大型污水处理厂比较青睐的工艺，它能将污泥中的有机物转化为沼气，减少污泥的体积和重量。中温厌氧消化工艺的运行速率很

低：有机负载速率（OLR）为 0.5～1.5 kg（VS）/（m³·d），而停留时间高达 50～60 d。由于污泥的性质不同（见表 10-1），污泥中有机质的生物转化率也有一定差异。产甲烷的过程一般会受到有机质水解速率的限制。一般情况下，纤维素和油脂的存在使得初沉污泥相对容易降解，但生物污泥由于被好氧菌包裹在生物聚合物中，因此很难被降解。不同类型污泥的预计沼气产量和挥发性固体去除率见表 10-2（Bolzonella et al., 2002, 2005）。

表 10-2　不同类型污泥的预计沼气产量和挥发性固体去除率

污泥种类	沼气产量 （m³/kg，VS Fed）	破壁后沼气产量 （m³/kg，VS）	挥发性固体去除率 （%）
初沉污泥	0.3～0.5	0.8～1.1	40～50
生物污泥	0.2～0.3	0.6～0.8	20～30
混合污泥	0.3～0.4	0.8～1.0	30～40

根据表 10-1 和表 10-2，特定污泥的沼气预期产量为每天每人口当量 10～20L，产生的沼气可以为消化反应器增温，过量的沼气可以为热电联产提供能源。在这种情况下，自发电可以覆盖污水处理所需能源的 30%～40%（以每人每年 30 kW·h 计）（Bodik & Kubaska, 2013）。此外，生产的沼气经过加工可作为新能源汽车的生物甲烷来使用。

除中温厌氧消化工艺外，还有高温厌氧消化工艺（Zabranska et al., 2002; Bolzonella et al., 2012）。与传统中温厌氧消化工艺相比，高温厌氧消化工艺具有以下优势：甲烷生产速率增加、流体黏度降低、沼渣量减少、废弃物转化为沼气的有机质产量增加、病原体活性降低，这些指标是评定污泥产物是否符合美国 503 法案中 A 类生物固体标准的重要依据（Iranpour et al., 2006）。一般情况下，当采用高温厌氧消化工艺时，沼气产量和有机质降解率的提高范围为 10%～30%。与传统中温厌氧消化工艺相比，高温厌氧消化工艺需要更复杂的工程设施（如混凝土和钢材的配置、换热器）和更熟练的人工操作，而且还应考虑潜在缺点，如易产生臭气、难以脱水和高游离氨浓度导致的工艺不稳定（De la Rubia et al., 2013）。

10.3　多阶段和变温厌氧消化工艺

人们普遍认为，颗粒有机物水解为可溶性物质是污泥厌氧消化的限速环节，尤其在市政活性污泥厌氧消化中格外明显。与单相厌氧消化工艺相比：两相厌氧消化工艺可将水解或发酵阶段和产甲烷阶段分离；产生更多的沼气量；优化整体反应速率；提高反应器稳定性与基质降解速率（Demirer & Othman, 2008）。事实上，在两相厌氧消化工艺中，不同的细菌种群在两个反应器中都有最佳的操作条件（Lv et al., 2010）。在两相厌氧消化过程中，产甲烷前的水解步骤是一种污泥的生物预处理阶段，尤其适用于活性污泥的预处理。这个技术在美国得到了广泛应用（Speece, 1988）。两相厌氧消化工艺可以提高污泥在厌氧消化反应器中的沼气转化率（Wilson et al., 2008），以及提升最终生物固体的产品品质（Iranpour et al., 2006）。另一种特殊的多阶段处理工艺是温度分段厌氧消化（Temperature Phased Process，TPAD）。在两段式厌氧消化工艺中，产甲烷阶段前有一个水解步骤，这两个阶段通常在不同的温度下运行（Cheunbarn & Pagilla, 2000;Ge et al., 2011）。美国已开展过大量关于 TPAD 的研究工作，最终目的是使污泥品质达到 A 类生物固体标准（Santha et al., 2006），但欧洲在这方面的经验仍较少（Oles et al., 1997）。

10.4 污泥预处理强化厌氧消化工艺

厌氧消化过程一般会受到颗粒有机物水解速率的限制，而有效的预处理则能够分解有机物和细胞，并且强化酶对细胞表面的降解作用。

一般，相对于提高潜在沼气产量，预处理环节更能提高过程中的生物反应速率，对于体积有限、停留时间较短的系统，预处理环节更有效，关键在于优化厌氧消化反应过程（如提高生物降解率、增加消化反应器负荷、降低污泥量），同时实现其他目的（如消毒、强化脱水、去除微污染物）。目前，大量预处理技术已得到科学验证，如热处理法、化学法、机械法、电法、超声波法，均有文献可以参考（Carrere et al., 2010）。但目前市面上只有热处理法和高压法被广泛应用，其他技术没有得到推广的主要原因是经济成本，这也是预处理工艺只适用于特定条件（如消化池容量有限或污泥处置费很高）的原因。在其他条件下，预处理工艺的收益可能难以覆盖投资和运行成本（Boehler & Siegrist, 2006）。

热处理法或高压法主要是在水解反应器中对污泥进行高温高压处理。目前已有一些企业开发了基于这个原理的技术，但实际操作方法各不相同。截至

2016年，挪威康碧（Cambi）公司（THP技术）、法国威立雅（Veolia）公司（Exelys技术）、荷兰SH+E公司（Lysotherm技术）、奥地利苏斯特克（Sustec）公司（Turbo技术）、丹麦霍斯利（Haarslev）公司（ACH技术）、西班牙艾克洛基（Aqualogy）公司（Aqualysis技术）、西班牙teCH4+公司（i-TH技术）7家企业提出了相应的热处理法（Ponsa et al., 2017）。一般情况下，以上所有工艺的应用温度均为165～170℃，持续时间为15～30min，只有西班牙teCH4+公司的i-TH技术应用温度为220℃以上。

在水力停留时间不变的情况下，经过预处理的污泥沼气产量可以提高40%～50%，同时还会带来一些好处，如污泥减量（与产生的沼气量成比例）、黏度降低（有利于污泥泵送和混合）、能够在更高的固体负荷和有机负荷率下运转、脱水能力提高等。

高温高压下的热处理法需要重点考虑投资和运行成本、系统复杂性、人工熟练度，以及系统内污泥回流带来的可溶性惰性成分和氨成分的累积。

10.5 污泥及其他基质的协同厌氧消化工艺

大多数情况下，厌氧消化罐的空间可以利用，特别是只处理市政污泥的情况下。添加除污泥外的基质或辅料进行协同厌氧消化可以提高能量回收效率。事实上，提高污泥甲烷产量的一个有效途径是将污泥和其他有机废弃物进行协同厌氧消化，如城市固体废弃物（生活垃圾）、餐厨垃圾、油脂、农业废弃物等（Mata-Alvarez et al., 2014）。

选择最佳的污泥或其他基质混合比例非常重要，这样有利于发挥协同优势，稀释有害化合物，并且可在保证沼渣质量的同时使沼气产量最大化。

城市固体废弃物、厨余垃圾与市政污泥的协同厌氧消化是最常见的，以上三种基质具有相似的特性，但实践中可以差异性选择（Bolzonella et al., 2006; Koch et al., 2015）。在美国，油脂和污泥的协同厌氧消化已经有实际应用案例（Long et al., 2012）。

污泥有机质含量偏低、污水处理厂的污泥处理能力余量等问题是污泥协同厌氧消化的主要驱动力。由于市政污泥具有低碳氮比和高缓冲能力的特点，因此能够接受生物降解性良好、碱度较低的协同消化基质。协同厌氧消化的目的是提高沼气产量和能源回收水平，使污水处理厂能够实现能量自给（Bodik

& Kubaska, 2013）。通过协同处理，污水处理厂将有望成为当地的有机废弃物处理中心，但其前提条件是沼渣的质量和其有效利用。

目前，世界范围内已有多家污水处理厂采用协同厌氧消化工艺。根据协同处理基质的性质特点和消化设施中可利用能力的不同，在采用协同厌氧消化工艺以后，沼气产量可提升10%～50%，这对于污水处理厂的能量平衡有很大改善作用。一般而言，污水处理厂能源需求约为每年每人口当量20～30 kW·h，而混合污泥厌氧消化在最佳条件下最高可产生每年每人口当量10～15kW·h的能源产量，协同厌氧消化工艺之后将有希望覆盖污水处理厂的能源需求，直到最终达到能源自给状态。

协同厌氧消化工艺的主要约束条件是预处理环节（原料制备）、反应器配置和回流至污水处理系统的沼液。若协同处理的基质中含有惰性物质（如塑料、玻璃），则可能会对最终产物产生影响。

10.6 沼液新型短程处理工艺在营养回收和低碳方面的应用

污泥经过厌氧处理后，其沼液具有丰富的营养物质，对其进行适当利用有助于优化污水处理厂的脱氮技术和磷回收。完全自养脱氮工艺是处理城市污水处理厂污泥沼液的最具吸引力的生物工艺，其推广应用正在迅速增加（Lackner et al., 2014）。遗憾的是，这个过程不能增强磷的生物累积，但可以通过鸟粪石结晶法实现磷的可持续回收。近年来，有一种新技术可以通过亚硝酸盐在硝化反硝化的同时实现生物除磷，这种技术可以用来处理以下对象：污泥消化沼液；污泥与协同处理的基质厌氧消化后的上清液（Frison et al., 2013, 2016）。这个技术被称为"强化短程营养物减量技术"（简称SCENA技术），具有以下特征：能对市政污泥（或含协同处理基质）进行碱性发酵（Longo et al., 2015）以产生最佳可用碳源BACS（挥发性脂肪酸与高含量丙酸的混合物）；在好氧条件（溶解氧大于1.5 mg/L）下进行硝化反应，减少N_2O排放量；通过投加最佳碳源实现反硝化和亚硝酸盐生物吸磷过程；利用低成本的pH值、电导率和氧化还原电位传感器的过程控制。SCENA技术已用于改造意大利阿尔托（Alto Trevigiano Servizi srl）水务公司管理的卡波尼拉（Carbonera）污水处理厂。在运营第一年，新增SCENA技术以后的单位运营维护成本（本项目运作方式为O&M）为1.6欧元，比主线工艺（未加SCENA技术）的单位成本 3.5 欧元低很多（Fatone et al., 2016），这还是没有考虑亚硝酸盐强化除磷的技术和经济优势。目前，最佳可用碳源（BACS）生产和过程控制的优化正在研究。近期，新型 SCEPPHAR 技术（短程磷及 PHA 回收）已将短程脱氮与聚羟基烷烃（PHA）的回收耦合起来。该技术将污水处理中的亚硝酸盐生物脱氮和 PHA 选择性富集到污泥中结合，实现了强化 PHA 富集和沼液脱氮。由此可见，该技术通过氮的有效处理提供了技术附加值，同时通过产生聚合物使资源回收最大化，从而提高污水处理厂的可持续性（Frison et al., 2015）。

10.7 原著参考文献

Bodík I. and Kubaská M. (2013). Energy and sustainability of operation of a wastewater treatment plant. *Environment Protection Engineering*, **39**(2), 15–24.

Boehler M. and Siegrist H. (2006). Potential of activated sludge disintegration. *Water Science and Technology*, **53**, 207–216.

Bolzonella D., Battistoni P., Susini C. and Cecchi F. (2006). Anaerobic codigestion of waste activated sludge and OFMSW: the experiences of Viareggio and Treviso plants (Italy). *Water Science and Technology*, **53**(8), 203–211.

Bolzonella D., Innocenti L. and Cecchi F. (2002). Biological nutrient removal wastewater treatments and sewage sludge anaerobic mesophilic digestion performances. *Water Science and Technology*, **46**(10), 199–208.

Bolzonella D., Pavan P., Battistoni P. and Cecchi F. (2005). Mesophilic anaerobic digestion of waste activated sludge: influence of the solid retention time in the wastewater treatment process. *Process Biochemistry*, **40**(3–4), 1453–1460.

Bolzonella D., Cavinato C., Fatone F., Pavan P. and Cecchi F. (2012). High rate mesophilic, thermophilic, and temperature phased anaerobic digestion of waste activated sludge: a pilot scale study. *Waste Management*, **32**(6), 1196–1201.

Carrère H., Dumas C., Battimelli A., Batstone D. J., Delgenes J. P., Steyer J. P. and Ferrer I. (2010). Pretreatment methods to improve sludge anaerobic degradability: a review. *Journal of Hazardous Materials*, **183**(1–3), 1–15.

Cheunbarn T. and Pagilla K. R. (2000). Anaerobic thermophilic/mesophilic dual stage sludge treatment. *Journal of Environmental Engineering*, **126**, 796–801.

De La Rubia M. A., Riau V., Raposo F. and Borja R. (2013). Thermophilic anaerobic digestion of sewage sludge: focus on the influence of the start-up. *A Review Critical Reviews in Biotechnology*, **33**, 448–460.

Demirer G. N. and Othman N. (2008). Two-Phase thermophilic acidification and mesophilic methanogenesis anaerobic digestion of waste-activated sludge. *Environmental Engineering and Science*, **25**(9), 1291–1300.

Dohanyos M., Zabranska J. and Jenicek P. (1997). Enhancement of sludge anaerobic digestion by using of a special thickening centrifuge. *Water Science and Technology*, **36**(11), 145–153.

Fatone F., Baeza J. A., Batstone D., Cema G., Crutchik D., Díez-Montero R., Huelsen T., Lyberatos G., McLeod A., Mosquera-Corral A., Oehmen A., Plaza E., Renzi D., Soares A. and Iñaki Tejero I. (2016). Nutrient Removal – Chapter 1. Water_2020 Book. IWA Publishing.

Frison N., Di Fabio S., Cavinato C., Pavan P. and Fatone F. (2013). Best available carbon sources to enhance the via-nitrite biological nutrients removal from supernatants of anaerobic co-digestion. *Chemical Engineering Journal*, **215–216**, 15–22.

Frison N., Katsou E., Malamis S., Oehmen A. and Fatone F. (2015). Development of a novel process integrating the treatment of sludge reject water and the production of polyhydroxyalkanoates (PHAs). *Environmental Science and Technology*, **49**, 10877–10885.

Frison N., Katsou E., Malamis S. and Fatone F. (2016). A novel scheme for denitrifying biological phosphorus removal via nitrite from nutrient-rich anaerobic effluents in a short-cut sequencing batch reactor. *Journal of Chemical Technology and Biotechnology*, **91**, 190–197.

Ge H. Q., Jensen P. D. and Batstone D. J. (2011). Temperature phased anaerobic digestion increases apparent hydrolysis rate for waste activated sludge. *Water Research*, **45**(4), 1597–1606.

Iranpour R., Cox H. H., Oh S., Fan S., Kearney R. J., Abkian V. and Haug R. T. (2006). Thermophilic-anaerobic digestion to produce class a biosolids: initial full-scale studies at hyperion treatment plant. *Water Environmental Research*, **78**(2), 170–80.

Kelessidis A. and Stasinakis A. (2012). Comparative study of the methods used for treatment and final disposal of sewage sludge in European countries. *Waste Management*, **32**, 1186–1195.

Koch K., Plabst M., Schmidt A., Helmreich B. and Drewes J. E. (2016). Co-digestion of food waste in a municipal wastewater treatment plant: comparison of batch tests and full-scale experiences. *Waste Management*, **47**, 28–33.

Lackner S., Gilbert E. M., Vlaeminck S. E., Joss A., Horn H. and van Loosdrecht M. C. M. (2014). Full-scale partial nitritation/anammox experiences – an application survey. *Water Research*, **55**, 292–303.

Long J. H., Aziz T. N., de los Reyes III F. L. and Ducoste J. J. (2012). Anaerobic co-digestion of fat, oil, and grease (FOG): a review of gas production and process limitations. *Process Safety and Environmental Protection*, **90**(83), 231–245.

Longo S., Katsou E., Malamis S., Frison N., Renzi D. and Fatone F. (2015). Recovery of volatile fatty acids from fermentation of sewage sludge within municipal WWTPs. *Bioresource Technology*, **175**, 436–444.

Lv W., Schanbacher F. L. and Yu Z. T. (2010). Putting microbes to work in sequence: recent advances in temperature-phased anaerobic digestion processes. *Bioresource Technology*, **101**, 9409–9414.

Mata-Alvarez J., Dosta J., Romero-Güiza M. S., Fonoll X., Peces M. and Astals S. (2014). A critical review on anaerobic co-digestion achievements between 2010 and 2013. *Renewable and Sustainable Energy Reviews*, **36**, 412–427.

Metcalf & Eddy Inc. (2013). Wastewater Engineering: Treatment and Resource Recovery. McGraw-Hill Education.

Mininni G. (2015). Effective management of sewage sludge. *Environmental Science and Pollution Research*, **22**, 7187–7189.

Oles J., Dichtl N. and Niehoff H. H. (1997). Full scale experience of two stage thermophilic/mesophilic sludge digestion. *Water Science and Technology*, **36**, 449.

Ponsa S., Bolzonella D., Colon J., Deshusses M. A., Fonts I., Gil N., Komilis D., Lyberatos G., Perez-Elvira S. and Sánchez J. (2017). Recovering Energy from Sludge. Water_2020 Book. IWA Publishing.

Santha H., Sandino J., Shimp G. F. and Sung S. (2006). Performance evaluation of a sequential batch temperature phased anaerobic digestion (TPAD) scheme for producing class a biosolids. *Water Environmental Resesearch*, **78**, 221–226.

Speece R. E. (1988). A survey of municipal anaerobic sludge digesters and diagnostic activity assays. *Water Research*, **22**, 365–372.

Vogel F., Harf J., Hug A. and Von Rohr P. R. (2000). The mean oxidation number of carbon (MOC) – a useful concept for describing oxidation processes. *Water Research*, **34**(10), 2689–2702.

Wilson C. A., Murthy S. M., Fang Y. and Novak J. T. (2008). The effect of temperature on the performance and stability of thermophilic anaerobic digestion. *Water Science and Technology*, **57**(2), 297–304.

Zábranská J., Dohányos M., Jeníček, Zaplatílková P. and Kutil J. (2002). The contribution of thermophilic anaerobic digestion to the stable operation of wastewater sludge treatment. *Water Science and Technology*, **46**(4–5), 447–53.

第 11 章

污水处理高级氧化工艺

11.1 概述

高级氧化过程（Advanced Oxidation Processes，AOPs）或高级氧化工艺（Advanced Oxidation Technologies, AOTs）指一系列相似但不相同的氧化还原过程，通常依赖活性氧（Reactive Oxygen Species，ROS）的中间体在水、污水、土壤、污泥和气相中诱导氧化还原反应。整个系列包括半导体光催化、光芬顿及类似反应、暗芬顿及类似反应、臭氧氧化、电化学氧化、声化学氧化、非热氧化等过程，以及等离子体、γ射线和热化学过程如湿式氧化（Wet Air Oxidation, WAO）等过程。此外，为了探索更有效的污水处理技术，学者们不断地测试上述技术的各种组合方案。

在过去 30 年中，高级氧化工艺在原水和污水处理中得到了广泛应用，主要是去除有机污染物、无机物和病原体。处理过程通常由羟基自由基（•OH）的氧化作用实现。羟基自由基（•OH）是一种非选择性的活性氧，寿命较短，氧化还原电位约为 2.8 V，仅次于氟。实际上，不同的高级氧化工艺由于其工艺或者操作条件不同，各种氧化剂与 •OH 相比可能具有相同的重要性（甚至更重要），但 •OH 是各种高级氧化工艺之间结合环节的重要因素。例如，光生价带空穴、分子臭氧、电生过氧化氢、氯和氯羟基自由基及湿式氧化产生的有机自由基就是此类氧化剂。

与污水处理相关的高级氧化工艺的应用需求主要是应对生物处理过程难以处理的持久性污染物和新兴污染物，例如，地表水和地下水中残留的农药；二级处理污水中的药品和个人护理产品及其代谢物；重度污染的工业废水。此外，高级氧化工艺在污水消毒中得到了更广泛的应用。一方面，氯化（最常用的消毒技术）通常会产生许多具有毒性和致癌性的副产品（Pablos et al.,

2013）；另一方面，某些病原体如细菌孢子、原生动物包囊和病毒对氯表现出了极大的耐受性。这使得氯的使用受到了严格的控制（Dunlop et al., 2008）。

本章将结合案例阐述高级氧化工艺在污水处理方面的优点和缺点。考虑篇幅有限，本章只会对部分高级氧化工艺及其在水处理中的应用进行描述。

11.2 水基质的作用

目前，大多数已发表的关于水质修复的高级氧化方面的研究都是在含有所考虑污染物的模型水溶液中进行的。常规做法是，在超纯水（Ultra Pure Water，UPW）中放入污染物，其浓度通常比实际环境中检测样品的浓度高几个数量级，监测其在某种高级氧化作用下的降解过程。这种方法有一些优点，例如，它消除了污染物、氧化物和复杂基质（如地表水、地下水和城市污水）等各种成分之间的相互作用；它不需要复杂而费力的分析技术对微量污染物进行监测；序批或半序批系统的数据收集比流通（例如，连续）系统更省时。

在上述所有研究中，实际水基质的质量至关重要。显然，不考虑各种成分之间的相互作用可能会导致错误的结论。根据经验，降解反应动力通常随着水基质复杂性的增加而降低，在典型案例中（见图11-1），利用掺混铁的 TiO_2 作为光催化剂、模拟太阳光和 4 种基质来模拟抗生素磺胺甲噁唑的光催化降解反应，即超纯水（UPW）、饮用水（Drinking Water，DW）、二级处理的城市污水（Wastewater，WW）和添加 10 mg/L 腐殖酸的超纯水（Humic Acid，HA，天然水中常见的天然有机物的代表）。在该案例中，4 种基质的降解率按降序可排列为 UPW > DW > WW > 添加 10 mg/L HA。该排序已通过案例研究得到验证。饮用水主要含有阴离子和一些阳离子，其中，HCO_3^- 具有较高的浓度（200～300 mg/L）。HCO_3^- 会与 ·OH 发生反应，并最终形成可以作为弱氧化剂的 ·CO_3^-（约25%），这也是饮用水中降解率降低的原因（Tercero Espinoza et al., 2007）：

$$HCO_3^- + \cdot OH \longrightarrow \cdot CO_3^- + H_2O \qquad (11\text{-}1)$$

$$\cdot CO_3^- + \cdot CO_3^- \longrightarrow CO_2 + CO_4^{2-} \qquad (11\text{-}2)$$

其他阴离子如 NO_3^-、Cl^- 和 SO_4^{-2} 也可以作为 •OH 的清除剂，以帮助降低反应动力。

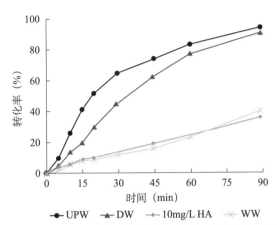

图 11-1 水基质对磺胺甲噁唑的光催化降解影响示例

注：在 7.3×10^{-7} einstein/（L.s）和 1 g/L 的 0.04% Fe/TiO$_2$ 光催化剂的模拟太阳光下，水基质对磺胺甲噁唑（235 μg/L）降解的影响。其他条件：液体体积为 120 mL，UPW 的固有 pH 值为 6.2，DW 的固有 pH 值为 7，WW 的固有 pH 值为 8。

经过二级处理的城市污水中含有 mg/L 量级的出水有机物（Effluent Organic Matter, EfOM），它会与目标污染物竞争活性氧。由于后者通常是非选择性的，因此出水有机物与活性氧的反应会影响目标污染物的降解（Antonopoulou et al., 2015）。此外，非目标有机物（见图 11-1 中的 HA 或 EfOM）对氧化过程的不利影响通常比非目标无机物（见图 11-1 中的 DW）大。尽管看起来影响不大，但是它表明远高于实际环境中采集样本的污染物浓度会对氧化过程产生不利影响。为了简化，可以使用幂律速率表达式对反应过程进行模拟：

$$-\frac{dC}{dt} = k_{app} C^n \qquad (11\text{-}3)$$

式中：C 为污染物的浓度；k_{app} 为表观速率常数；n 为反应的级数。对于半批处理系统，活性氧通常以固定的速率生成（包括光化学、声化学、电化学和微波高级氧化），k_{app} 基于活性氧以恒定浓度生成的假设（这是一个公平的假设）给出，反应顺序通常为 0 或 0 ～ 1 之间的任何值。这是由于氧化过程通常是由活性氧与污染物浓度的比率决定的。对于一个常见的反应，如果活性氧浓度过高，则反应顺序接近 1；如果污染物浓度过高，则反应顺序接近 0。

对于水基质效应，每条规则都需要考虑例外的情况，这与高级氧化的类型和污染物有关。

例如：

（1）碳酸酯自由基是一种强单电子氧化剂，对芳香族化合物具有选择反应性。此外，根据反应［见式（11-2）］的碳酸酯自由基重组速率比羟基自由基重组速率慢两个数量级，这使得碳酸酯自由基有机会扩散并与目标化合物发生反应（Augusto et al., 2002; Petrier et al., 2010; Zhang et al., 2015）。因此，根据讨论的条件，碳酸氢盐消耗羟基自由基对反应的不利影响可能会被碳酸盐自由基本身的氧化作用抵消。

（2）在含有氯化物的基质中发生的电化学过程会产生初级和次级氧化剂，如游离氯、次氯酸或 ClO^- 和 ClO^{2-}（Rajkumar et al., 2007; Sires & Brillas, 2012）。这些物质是非常活跃的氧化剂，通常可以弥补和氯化物反应形成氯自由基的羟基自由基的部分损失（参考章节 11.3.3）。

（3）在光化学或光催化过程中，腐殖酸的存在可以通过各种机制促进反应进行，包括：光催化剂的敏化；导带电子的捕获；腐殖酸光解产生额外的活性氧（Cho & Choi, 2002; Vinodgopal & Kamat, 1992; Xu et al., 2011）。

11.3 工艺性能的提高

高级氧化的降解速率会受到多种不利因素的影响，除了水基质的复杂性，还包括污染物的类型和浓度、氧化剂和催化剂的类型和浓度及反应器配置。目前已经研究出多种措施来改善降解速率，主要包括以下几种。

11.3.1 高级氧化技术耦合

两种或多种高级氧化的共同作用是促进氧化反应的一种重要措施，通过高级氧化的组合能够提升氧化能力，主要是因为：增加了活性氧的生产量（即累积效应）；积极的相互作用过程（即协同效应）。

耦合作用对各个过程的影响见图 11-2，表明高级氧化技术耦合对氧化反应有促进作用，图中表示的是硫酸根对羟基苯甲酸丙酯（一种中度内分泌干扰物）的氧化降解作用。过硫酸钠（Sodium Persulfate, SPS）由于成本适中、稳定性高、水溶性高，便于运输和存储，在室温下为固体等优点（Lin et al., 2011），通常可作为硫酸根的主要来源。当前，硫酸根主要通过硫酸盐的活化作用产生，一些常见的过程包括高温、过渡金属（主要是铁）的存在、紫外线照射、微波和超声波（Ultrasound, US）照射。当使用20kHz的超声激活SPS时，羟基苯甲酸丙酯在60min内转化率可达到90%。当使用掺铁磁性碳干凝胶激活时，完成同样的转化只需要一半的时间。与之对比，当两种活化剂同时使用时，完成90% SPS的激活只需要4min。如果只是两种活化剂的线性叠加作用，则组合过程的转化时间曲线由图中所示的虚线表述（见图11-2）。显然，两种活化剂之间的相互作用是协同的，这是由于组合过程的速率大于单个过程的速率之和。这可能是由于超声促进反应器内物质的混合，从而使传质限制最小化；或者是由于超声改变非均相催化剂的表面性质导致的。

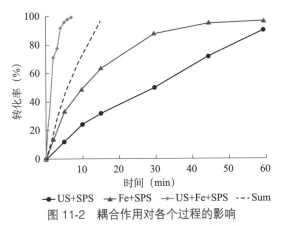

图 11-2　耦合作用对各个过程的影响

注：在超纯水（UPW）中分别使用500 mg/L过硫酸钠（SPS）、50 mg/L掺铁磁性碳干凝胶或在36 W/L功率密度、pH=3、25℃和120 mL液体体积下的超声对羟基苯甲酸丙酯（420 μg/L）进行降解。

通常，协同作用（Synergy, S）可以量化为耦合过程的速率常数（$k_{combined}$）与各个单独氧化过程中的速率常数之和（k_i）之间的归一化差异。

$$S = \frac{k_{combined} - \sum_{1}^{n} k_i}{k_{combined}} \quad (11\text{-}4)$$

式中：

$$S = \begin{cases} > 0, & 协同作用 \\ = 0, & 累积作用 \\ < 0, & 拮抗作用 \end{cases}$$

虽然不是很常见，但高级氧化技术耦合可能会起到抑制（拮抗）作用，从而导致降解率降低。这可能是由于耦合产生了大量的活性氧，而活性氧可能具有自我清除作用引起的。

SPS 浓度变化对 UPW 中双酚 A（285 ug/L）降解率变化见图 11-3，表示自由基过量时对反应的不利影响，它表示双酚 A（另一种内分泌干扰物）的量与 SPS 浓度具有函数关系。在这个案例中，SPS 由含有铁和钴的双金属碳干凝胶激活。当 SPS 的浓度从 62 mg/L 增加到 250 mg/L 时，对降解有促进作用，然而 SPS 的浓度继续增加到 500 mg/L 时，则会导致降解率下降。

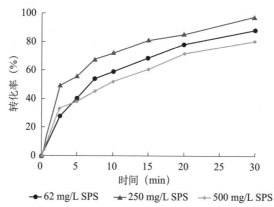

图 11-3　SPS 浓度变化对 UPW 中双酚 A（285 μg/L）降解率变化示意图

注：该过程由含双金属 Fe-Co 的碳干凝胶（75 mg/L）在 pH=3 和 120 mL 液体体积下激活。

11.3.2　如何提高选择性

需要明确的是：由于 ·OH（即主要的氧化物质）本身是非选择性的，因此 AOPs 通常是非选择性过程；大多数污水，尤其是工业过程产生的废水，可能含有多种具有不同物理化学、生物和生态毒性性质的物质，明智的策略是提高过程的选择性，以对抗污水中"更有害"的化学物质。下面的案例表明如何实现该策略。

（1）在酸性或近中性条件下，臭氧氧化主要通过臭氧分子与有机底物发生直接反应，该过程通常被称为臭氧分解。O_3 会与双键先发生反应，以此来破坏纺织废水中常见染料的发色团（即 N = N 键），从而使其完全脱色。而且，农业和工业（例如，橄榄油和食用橄榄生产、酿酒）产生的废水中含有多酚化合物，这些化合物会导致生物降解率降低，并被臭氧分解选择性地去除（Karageorgos et al., 2006）。

（2）传统的做法是，AOPs 和生物工艺结合起来处理含有生物抗性和生物可降解成分的污水（Comninellis et al., 2008）。通常情况下，生物工艺作为预处理工艺先去除污水中的可降解部分，再利用 AOPs 去除污水中的剩余部分。与其他处理技术相比，由于生物处理技术成本更低，对环境更友好，因此总处理费用较低。处理过程集成的概念并不排除其他情况，例如，AOPs 到生物处理，或者生物处理到 AOPs 再到生物处理，这些情况取决于污水处理标准。

（3）将 AOPs 与分离过程结合也证明对含有大量固体（例如，农业工业废水）、挥发性有机物（例如，电子加工废水）和大分子等特定类型的污水有益。固体必须先通过过滤、沉淀或凝固去除，否则，它们会在深度氧化过程中溶解，从而增加液相的有机负荷。此外，对于光化学 AOPs，逐步增加的污水浑浊度会对处理过程造成不利影响。在利用不同分子量的大分子聚合物处理废水的情况下，可行的工艺是在 AOPs 和生物处理之间应用超滤，化学氧化可以轻易地将大分子分解成更多的生物低聚物，而超滤可以保证在膜的筛选下只让特定大小的分子进入生物反应器。

（4）无论原污水有多复杂，自由基的诱导反应和其他反应的快速传播都会通过各种反应途径产生大量的转化副产物。在实践中，即使使用最复杂的分析技术也很难识别所有的副产物，但是反应中的关键化合物的分布、生物降解性和毒性指数等总体参数可以被确定。通过使用合适的催化剂，如过渡金属氧化物和贵金属，并与相应的未催化过程相比，WAO 过程可能会改变副产物的相对分布，并利于形成更多的生物可降解或毒性更低的化合物。此外，催化剂会加速部分氧化反应，从而导致出水矿化（Quintanilla et al., 2006）。

11.3.3 新材料或改进材料

1. 多相半导体光催化

基于 TiO_2 的半导体光催化是一种广泛研究的 AOPs，主要用于破坏和矿化各种有机污染物和微生物（Carp et al., 2004）。TiO_2 作为光催化剂，具有成本低、形式多样、无毒、光化学稳定性好等优点。它的主要缺点与其约 3eV 的宽带隙能量有关，这意味着它只能使用紫外线辐射对其进行光活化，而且限制了自然光的使用，因为到达地球表面的太阳辐射只包含 3%～5% 的紫外线辐射。在这种情况下，寻找在不降低光催化活性的前提下，将 TiO_2 的吸光波长范围扩展到可见光区域的方法是很有意义的。近年来，大部分研究主要集中在通过产生缺陷结构、掺杂金属或非金属元素、用贵金属或其他半导体修饰 TiO_2 表面等多种方法来提高 TiO_2 光催化效率（Pelaez et al., 2012）。

此外，寻找可以在可见区域被激活的新材料也是一个研究方向。正磷酸银（Ag_3PO_4）是一种低带隙的光催化剂，由于其在收集太阳能用于环境净化和析氧方面具有巨大潜力，因此过去几年引起了广泛关注。更重要的是，这种新型光催化剂在大于 420 nm 波长下的量子效率高达 90%，从而可实现非常低的电子-空穴复合率（Yi et al., 2010）。Ag_3PO_4 的缺点是在没有牺牲剂的情况下会被化学分解，导致长期稳定性不足。这个问题可以通过在 Ag_3PO_4 表面覆盖金属银纳米颗粒来解决，也就是在其表面产生局部等离子体共振效应或合成各种基于 Ag_3PO_4 的复合材料。Ag_3PO_4 的转化率优于 TiO_2，对两种催化剂在模拟太阳照射下对抗生素磺胺甲噁唑的光催化降解效果进行了比较（见图 11-4），显然，P25 TiO_2 作为一种基准光催化剂，在许多环境应用中，其活性远低于 Ag_3PO_4。

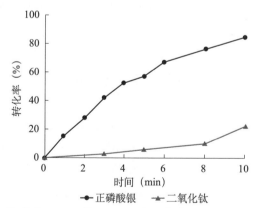

图 11-4　在模拟太阳光 [7.3×10^{-7} einstein/(L.s)] 和 50 mg/L 光催化剂、pH=6 和 120 mL 液体体积下的 UPW 中磺胺甲噁唑（525 μg/L）的光催化降解

2. 阳极氧化

电化学氧化作为一种污水处理技术引起了广泛关注（Sarkka et al., 2015）。该过程是环保的，不需要额外的化学品或氧化剂，其主要成本因素与能耗有

关。利用光伏发电可以将能耗问题最小化，从而使其成为一种低成本的绿色技术。

阳极材料的类型是决定工艺效率高的关键因素，基于此，各种类型的阳极材料如不锈钢、石墨、Pt、TiO_2、IrO_2、PbO_2 和几种钛基合金被测试过（Sires & Brillas, 2012）。近年来，硼掺杂金刚石（Boron-doped Diamond, BDD）由于能促进有机化合物的降解和矿化，已成为一种非常有前景的环境应用阳极材料。在高电位下使用该阳极材料，其表面会产生高反应性羟基自由基。

$$BDD + H_2O \rightarrow BDD（•HO）+ H^+ + e^- \quad (11-5)$$

羟基自由基在表面吸附较弱，容易与有机质 R 发生反应，导致其矿化（Sarkka et al., 2015; Sires & Brillas, 2012）。

$$R + BDD（•HO）\rightarrow CO_2 + H_2O \quad (11-6)$$

BDD 阳极材料优于铂和不锈钢（见图 11-5）。图 11-5 中显示了在 50mA/cm^2 的电流密度下使用 Na_2SO_4 作为支持电解质时对羟基苯甲酸丁酯的降解。BDD 的降解率是其他两个阳极的 4～7 倍。有趣的是，当反应混合物中添加 50mg/L 的 NaCl 时，降解会得到进一步改善（见图 11-5 中的虚线），这是由于含 Cl 的氧化剂会引起间接氧化反应从而促进降解；后者是由基质（例如，饮用水、市政污水和某些工业废水）中固有的 Cl^- 或外部添加的 Cl^- 形成的。尽管间接氧化反应能够提升反应速率，但反应可能产生有危险的有机氯化副产物（Radjenovic & Sedlak, 2015）。

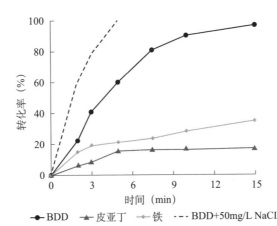

图 11-5　在 50 mA/cm^2 电流密度、120 mL 液体体积、pH = 6～6.5 和 0.1 M Na_2SO_4 作为支持电解质的情况下，阳极材料对 UPW 中羟基苯甲酸丁酯（490 μg/L）电化学氧化的影响

11.4 观点和建议

AOPs 用于污水处理已经过多年的研究,其概念众所周知,真正难的是从纯学术(实验室或小试验)研究到大规模、工业化应用的推进。作者坚信,与其他更"传统"的处理技术相比,其主要障碍是与 AOPs 较高的成本(即每单位质量去除的污染物或处理的单位体积污水的费用)。AOPs 如何能够在成本方面变得更具吸引力呢?

(1) AOPs 不应该也不可能完成所有任务。AOPs 应该是有选择性的,必须有明确的处理目标,如去除微污染物、杀死病原体、工业污水脱色,否则就是浪费这些珍贵而昂贵的元素(氧化剂、催化剂、能源)。简单地说,必须考虑集成处理方案,但 AOPs 不需要扮演主要角色。

(2) 使用可再生能源至关重要。从这点来说,太阳光驱动的光化学 AOPs 具有明显优势。

(3) 材料科学领域的进步可以极大地促进 AOPs 的发展,特别是各种性能的新材料的发现。例如,石墨烯材料最近被成功地用作硫酸盐自由基 AOPs 的激活剂,这表明 AOPs 在环境保护中的应用是科学研究与工程实践相结合的交叉领域,必须通过多学科交叉的方式解决该领域的技术难题。

(4) 废物利用是较新的、未开发的概念,可以降低处理成本。例如,赤泥是铝矿加工的废弃物,含有氧化铁、二氧化钛和氧化铝,可以作为 AOPs 的催化剂。

(5) 需要不断地提高公众意识,改变公众观念。虽然不存在"零成本"的处理技术,但是我们可以选择"技术性低、成本低"的技术。

总而言之,如果单纯考虑经济效益,AOPs 并不能完全替代现有的处理技术,但是可以将 AOPs 与传统污水处理系统结合,采用适当的设计、优化的流程和思维模式,从而得到可持续性的新型污水处理系统。

11.5 原著参考文献

Antonopoulou M., Skoutelis C. G., Daikopoulos C., Deligiannakis Y. and Konstantinou I. (2015). Probing the photolytic–photocatalytic degradation mechanism of DEET in the

第 11 章
污水处理高级氧化工艺

  presence of natural or synthetic humic macromolecules using molecular-scavenging techniques and EPR spectroscopy. *Journal of Environmental Chemical Engineering*, **3**, 3005–3014.

Augusto O., Bonini M. G., Amanso A. M., Linares E., Santos C. C. X. and de Menezes S. L. (2002). Nitrogen dioxide and carbonate radical anion: two emerging radicals in biology. *Free Radical Biology & Medicine*, **32**(9), 841–859.

Carp O., Huisman C. L. and Reller A. (2004). Photoinduced reactivity of titanium dioxide. *Progress in Solid State Chemistry*, **32**(1–2), 33–177.

Cho Y. and Choi W. (2002). Visible light-induced reactions of humic acids on TiO_2. *Journal of Photochemistry & Photobiology A: Chemistry*, **148**(1–3), 129–135.

Comninellis C., Kapalka A., Malato S., Parsons S. A., Poulios I. and Mantzavinos D. (2008). Advanced oxidation processes for water treatment: advances and trends for R&D. *Journal of Chemical Technology & Biotechnology*, **83**(6), 769–776.

Dunlop P. S. M., McMurray T. A., Hamilton J. W. J. and Byrne J. A. (2008). Photocatalytic inactivation of Clostridium perfringens spores on TiO_2 electrodes. *Journal of Photochemistry & Photobiology A: Chemistry*, **196**(1), 113–119.

Karageorgos P., Coz A., Charalabaki M., Kalogerakis N., Xekoukoulotakis N. P. and Mantzavinos D. (2006). Ozonation of weathered olive mill wastewaters. *Journal of Chemical Technology & Biotechnology*, **81**(9), 1570–1576.

Lin Y. T., Liang C. and Chen J. H. (2011). Feasibility study of ultraviolet activated persulfate oxidation of phenol. *Chemosphere*, **82**(8), 1168–1172.

Pablos C., Marugan J., van Grieken R. and Serrano E. (2013). Emerging micropollutant oxidation during disinfection processes using UV-C, UV-C/H_2O_2, UV-A/TiO_2 and UV-A/TiO_2/H_2O_2. *Water Research*, **47**(3), 1237–1245.

Parsons S. (2004). Advanced Oxidation Processes for Water and Wastewater Treatment. IWA Publishing, London.

Pelaez M., Nolan N. T., Pillai S. C., Seery M. K., Falaras P., Kontos A. G., Dunlop P. S. M., Hamilton J. W. J., Byrne J. A., O'Shea K., Entezari M. H. and Dionysiou D. D. (2012). A review on the visible light active titanium dioxide photocatalysts for environmental applications. *Applied Catalysis B: Environmental*, **125**, 331–349.

Petrier C., Torres-Palma E., Combet E., Sarantakos G., Baup S. and Pulgarin C. (2010). Enhanced sonochemical degradation of Bisphenol-A by bicarbonate ions. *Ultrasonics Sonochemistry*, **17**(1), 111–115.

Quintanilla A., Casas J. A., Mohedano A. F. and Rodriguez J. J. (2006). Reaction pathway of the catalytic wet air oxidation of phenol with a Fe/activated carbon catalyst. *Applied Catalysis B: Environmental*, **67**(3–4), 206–216.

Radjenovic J. and Sedlak D. L. (2015). Challenges and opportunities for electrochemical processes as next-generation technologies for the treatment of contaminated water. *Environmental Science & Technology*, **49**(19), 11292–11302.

Rajkumar D., Joo Song B. and Guk Kim J. (2007). Electrochemical degradation of reactive blue 19 in chloride medium for the treatment of textile dyeing wastewater with identification of intermediate compounds. *Dyes & Pigments*, **72**, 1–7.

Sarkka H., Bhatnagar A. and Sillanpaa M. (2015). Recent developments of electro-oxidation in water treatment – a review. *Journal of Electroanalytical Chemistry*, **754**, 46–56.

Sires I. and Brillas E. (2012). Remediation of water pollution caused by pharmaceutical residues based on electrochemical separation and degradation technologies: a review. *Environment International*, **40**, 212–229.

Tercero Espinoza L. A., Neamtu M. and Frimmel F. H. (2007). The effect of nitrate, Fe(III) and bicarbonate on the degradation of Bisphenol A by simulated solar UV-irradiation. *Water Research*, **41**(19), 4479–4487.

Vinodgopal K. and Kamat P. V. (1992). Environmental photochemistry on surfaces. Charge injection from excited fulvic acid into semiconductor colloids. *Environmental Science & Technology*, **26**(10), 1963–1966.

Xu H., Cooper W. J., Jung J. and Song W. (2011). Photosensitized degradation of amoxicillin in natural organic matter isolate solutions. *Water Research*, **45**(2), 632–638.

Yi Z., Ye J., Kikugawa N., Kako T., Ouyang S., Stuart-Williams H., Yang H., Cao J., Luo W., Li Z., Liu Y. and Withers R. L. (2010). An orthophosphate semiconductor with photooxidation properties under visible-light irradiation. *Nature Materials*, **9**, 559–564.

Zhang G., He X., Nadagouda M. N., O'Shea K. E. and Dionysiou D. D. (2015). The effect of basic pH and carbonate ion on the mechanism of photocatalytic destruction of cylindrospermopsin. *Water Research*, **73**, 353–361.

第12章

污水再利用和生物固体应用导致的有机微污染物

12.1 概述

有机微污染物是指在水生环境和陆地环境中浓度高达每升微克或每千克毫克的化合物，对环境生态系统具有潜在威胁。有机微污染物通常包含多个类别的化合物，如有机氯杀虫剂、多氯联苯（Polychlorinated Biphenyls, PCBs）、多环芳烃（Polycyclic Aromatic Hydrocarbons, PAHs）、多溴二苯醚（Polybrominated Diphenyl Ethers, PBDEs）、全氟化合物（Perfluorinated Compounds, PFCs）、药物、表面活性剂、个人护理产品、雌激素和人工甜味剂。自20世纪80年代以来，陆续有学者对上述部分化合物（如有机氯杀虫剂、PCBs、PAHs）进行详细研究，而且这些化合物通常被列入现有的国家或国际立法文件中，并被列入首要污染物清单。其他污染物被称为新兴污染物，目前还没有相关法规对其进行环境监管。随着先进分析方法的发展，环境样品中可检测到的新化合物种类不断地增多，新兴污染物的种类也在不断地增加（Subedi et al., 2014）。

12.2 处理过的污水和生物固体中的有机微污染物

污水处理厂因收集生活污水和工业废水及城市农业径流而被认为是环境中有机微污染物的主要污染点源（Ratola et al., 2012; Luo et al., 2014; Arvaniti & Stasinakis, 2015）。根据在雅典（希腊）的污水处理厂进行的一项（Stasinakis et al., 2013）针对不同类别（合成内分泌干扰化合物、药品、PFCs、苯并三唑和苯并噻唑）的36种新兴有机微污染物的研究，近30%的有机微污染物在污水的初级和二级处理（活性污泥工艺，生物N、P去除；SRT：9 d）阶段被充分去除（去除率大于70%），另有30%被部分去除（去除率为30%～69%），而其他化合物在污水处理期间完全没有被去除，甚至还会增加（见图 12-1）。

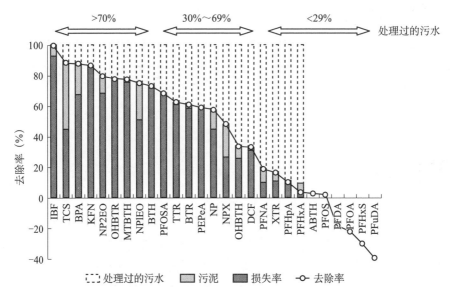

图 12-1　雅典某污水处理厂污水处理过程中有机微污染物的去除率（%）

注：1. 目标污染物名称：IBF：布洛芬；TCS：三氯生； BPA：双酚 A； KFN：酮洛芬； NP$_2$EO：壬基酚二乙氧基化物；OHBTR：羟基苯并三唑；MTBTH：2-（甲硫基）苯并噻唑； NP1EO：壬基酚单乙氧基化物； BTH：苯并噻唑；PFOSA：全氟辛烷磺酰胺；TTR：甲苯基三唑；BTR：苯并三唑；PFPeA：全氟戊酸； NP：壬基酚；NPX：萘普生；OHBTH：2-羟基苯并噻唑； DCF：双氯芬酸； PFNA：全氟壬酸；XTR：二甲苯三唑；PFHpA：全氟庚酸； PFHxA：全氟己酸；ABTH：2-氨基苯并噻唑；PFOS：全氟辛烷磺酸盐； PFDA：全氟癸酸； PFOA：全氟辛酸；PFHxS：全氟己烷磺酸盐；PFuDA：全氟十一烷酸。

2. 原著参考文献 The Science of the Total Environment, 463–464, Stasinakis et al., Contribution of primary and secondary treatment on the removal of benzothiazoles, benzotriazoles, endocrine disruptors, pharmaceuticals and perfluorinated compounds in a sewage treatment plant, 1067–1075, 2013. 经爱思唯尔（Elsevier）许可。

在常规污水处理过程中，影响有机微污染物归宿的主要过程是：吸附到悬浮固体并富集到初沉污泥和二沉污泥中；生物反应器中发生的生物转化过程（erlicchi et al., 2012; Samaras et al., 2013; Stasinakis et al., 2013; Luo et al., 2014; Mazioti et al., 2015）。挥发、水解和光降解等机制也可能会在较小程度上影响污水处理厂中有机微污染物的最终归宿。由于这些化合物通常在污水处理中只能被部分去除，同时会被吸附到污泥中，因此处理过的污水和污泥中仍然有较高浓度的有机微污染物，可以轻易地检测出来。

在处理过的污水中，邻苯二甲酸酯、壬基苯酚和人造甜味剂等化合物的检测浓度每升高达几十毫克，硅氧烷和苯并三唑的浓度通常每升高达几毫克，而农药和大多数药物的浓度很少超过 1000 ng/L（见图 12-2）（Bletsou et al., 2013; Samaras et al., 2013; Luo et al., 2014; Zolfaghari et al., 2014; Arvaniti & Stasinakis, 2015; Petrie et al., 2015; Gatidou et al., 2016）。污水中存在大量的微污染物，在污水处理过程中会发生（生物）转化过程，从而得到大量的转化副产物。由于这些有机微污染物的毒性和对环境的影响尚不明确，因此对它们的识别至关重要（Petrie et al., 2015）。在过去几年中，尽管高分辨质谱筛选方法在有机微污染物的识别中得到应用，并取得一系列研究成果（Schymanski et al., 2014; Bletsou et al., 2015），但有机微污染物的识别仍然需要进一步研究。

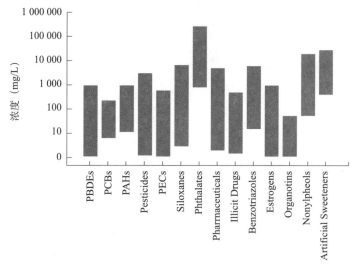

图 12-2　处理过的污水样品中的有机微污染物浓度范围

注：PBDEs：多溴联苯醚；PCBs：多氯联苯；PAHs：多环芳烃；Pesticides：杀虫剂；PECs：氯化聚乙烯；Siloxanes：硅氧烷；Phthalates：邻苯二甲酸酯；Pharmaceuticals：药品；Illicit Drugs：违禁药物；Benzotriazoles：苯马并三氮唑；Estrogens：雌激素；Organotins：有机锡；Nonylpheols：壬基苯酚；Artificial Sweeteners：人造甜味剂。

生物固体中的有机微污染物浓度通常与其在原污水中的浓度有关（Fent, 1996; Stasinakis et al., 2008），并且与其本身的物理化学性质（疏水性、分子量、水溶性、pKa）（Janex-Habibi et al., 2009; Clara et al., 2010）、污泥特性（有机物比例、pH 值、阳离子浓度）和各个污水处理厂的处理工艺（是否存在初沉淀、不同反应池中的停留时间、污泥稳定方法）（Heidler & Halden, 2009; Janex-Habibi et al., 2009; Stasinakis, 2012）有关。在生物固体中检测到的浓度最高的化合物有

PAH、壬基苯酚和邻苯二甲酸酯，其浓度最高可达每千克数百毫克（见图 12-3），而药品、PCBs、PFCs 和其他有机微污染物的浓度通常较低（Katsoyiannis & Samara, 2004; McClellan & Halden, 2010; Tancal et al., 2011; Clarke & Smith, 2011; Stasinakis, 2012; Mailler et al., 2014; Subedi et al., 2014; Venkatesan & Halden, 2014）。

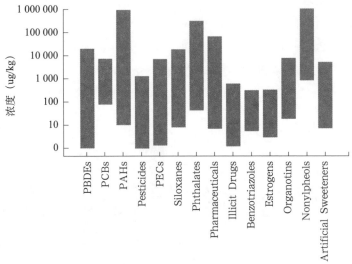

图 12-3　污泥样品中有机微污染物的浓度范围（以 μg/ kg dw 计）
注：同图 12-2。

12.3　污水回用和生物固体应用过程中有机微污染物的归宿

对于水资源短缺的国家来说，对处理过的废水进行回收再利用是缓解水资源短缺的一种有效措施，城市污水再利用已经在全球范围内得到广泛应用（Fatta et al., 2011; Kalavrouziotis et al., 2015）。关于生物固体，欧盟 27 个国家将超过 50% 的污泥用于农业（Kelessidis & Stasinakis, 2012），美国和加拿大的污泥土地利用率超过了 40%（Citulski & Farahbakhsh, 2010），中国也将污水和污泥回用于土地作为污泥高效管理的最佳解决方案（Yang et al., 2015）。

经过污水处理和污泥再利用过程，污水中所含的微污染物会经历不同的过程，例如，通过径流进入地表水、渗入地下水，通过生物和非生物方法进行降解、光降解，被悬浮物或胶体或其他有机物吸附、挥发，被植物吸收。由于这些过程在河水（Loos et al., 2009; Kuzmanovic et al., 2015）、地下水

第12章
污水再利用和生物固体应用导致的有机微污染物

（Lapworth et al., 2012）、海水（Nödler et al., 2016）和土壤（Wu et al., 2014）中检测到各种有机微污染物及其转化副产物，因此环境中检测到的有机微污染物的浓度至少比处理过的污水和生物固体中检测到的浓度低一个数量级。下文会简要介绍影响有机微污染物归宿的主要机制。

环境中细菌的数量和多样性通常会导致有机微污染物的结构和化学性质发生重大变化（Suthersan，2001）。一些有机微污染物的化合物可能被用作微生物的碳源和能源而被生物降解，也有一些微污染物被其他易于降解的底物产生的酶降解，从而发生共代谢现象。微生物转化有机微污染物的能力取决于它们产生相应的酶的能力，以及是否存在最佳环境条件和足够的生物量，目标化合物的浓度及生物可利用度（Gavrilescu, 2005）。有机微污染物的化学结构对其生物降解也有重要作用。一般，直链短侧链化合物、不饱和脂肪族化合物和这些具有吸电子官能团的化合物被认为是容易降解的物质。长链并高度支化的侧链化合物、多环或饱和化合物和具有卤素、硫酸盐或吸电子官能团的化合物被认为是持久性微污染物（Jones et al., 2005）。

除了生物降解，因有水解和氧化还原反应，故可能会发生非生物降解。在水解过程中，微污染物的化学键由于与水发生反应而被破坏。通常，化合物的一些化学基团会被羟基取代。水解反应受系统pH值影响。有的吸电子官能团容易水解，如酰胺、羧酸酯、内酯和磷酸酯，而有的吸电子官能团不受水解影响（Neely, 1985）。氧化还原反应是因电子从还原物质转移到氧化物质而发生的，如卤代溶剂的氧化和卤代化合物的还原脱卤。

当有机分子收到以光子形式施加的能量并导致其化学键发生断裂时，会发生光降解（光解）反应。光降解反应有直接过程和间接过程。在直接光降解过程中，有机分子直接吸收光子的能量。在间接光降解过程中，水中的光敏化学物质（如腐殖酸和NO_3^-）吸收光子的能量，提供引发微污染物降解的光化学反应（Gatidou & Iatrou, 2011）。光降解过程与系统的pH值、可用光强度、曝光时间、化学键断裂所需的能量和中间化合物的存在（间接光降解过程）有关（Gonzalez & Roman, 2005）。如果有机微污染物处于高浓度的悬浮固体或溶解的有机物的环境中，则日光强度会受到浑浊物的影响而使光降解程度降低。光降解过程的半衰期与有机微污染物的结构有关，从几分钟到几天不等。光降解过程可能会产生多种转化产物。

微污染物的吸附受系统特性（pH值、有机物含量、颗粒分布、温度）、目标微污染物的分子结构、电荷和溶解度影响（Gavrilescu, 2005; Yu et al., 2009）。根据动力学，微污染物的吸附过程可分为两个阶段：第一个阶段为初始快速吸附过程，可完成大部分有机微污染物的吸附；第二个阶段为慢速吸附过程，最终会达到吸附平衡的状态（Pignatello, 1998）。通常认为，吸附的微污染物不易与微生物接触，因吸附作用会降低它们的降解速率（Arias-Estevez et al., 2008）。此外，微污染物的生物可利用度不仅与吸附量有关，还与不同吸附点位的分布强度有关（Sharer et al., 2003）。

微污染物可能会通过挥发作用扩散到大气中，该过程可能会导致长距离转移。挥发速率与温度、湿度、空气运动和微污染物特性（蒸汽压、汽化热、大气与其他相之间的分配系数、溶解度）等影响因素有关（Gavrilescu, 2005）。

一些有机微污染物容易被植物和动物吸收。植物吸收的程度与微污染物特征、植物种类、植物生长阶段和土壤物理化学性质等因素有关（Gavrilescu, 2005; Eggen & Lillo, 2012）。

有机微污染物受上述几个过程的影响程度与它们的物理化学性质（极性、水溶性、蒸气压、吸附势和持久性）和微污染物存在的环境类型有关。一旦进入自然环境，疏水性有机微污染物可能会与颗粒结合。在河流系统中，它们与沉积物一起向下游输送，最终到达河岸、湖泊、三角洲和港口，对河道进行清理或者发生洪水可能导致它们被重新激活（Gerbersdorf et al., 2015）。沉积物运输和沉积过程中不断变化的环境条件（如pH值、氧气和有机物浓度的变化）影响非极性有机微污染物的生物和化学转化。

极性有机微污染物可能会穿透地表水到达地下水。例如，土壤中若存在某种极性有机微污染物，则它可能会随着水在土壤中移动而附着在土壤颗粒上或者被土壤中的（微）生物和游离酶降解。极性有机微污染物在土壤中的迁移与其质地、渗透性、深度、pH值和有机质等因素有关。黏土含量更高的土壤由于有非常小的孔径和阳离子吸附的可用表面积，因此会增强极性有机微污染物的衰减作用。低土壤渗透性或更深的土壤增加了极性有机微污染物和土壤颗粒之间的接触时间，从而增强了它们的吸附性。如果土壤中的降解率比浸出率高很多，那么极性有机微污染物就不会到达地下水中（Waldman & Shevah, 1993）。

12.4 有机微污染物对水生环境和陆地环境的威胁

一些有机微污染物，如药品和杀虫剂，经过专门设计而具有生物活性，即使其浓度较低也可能会对非目标生物产生影响。根据一些有机微污染物的急性毒性实验，某些有机化合物（如农药）在与环境中检测到的浓度相似的情况下，也可能产生毒性。此外，多项研究发现，某些有机微污染物（如药品）的混合物比单独的化合物危害更大（Petrie et al., 2015）。另外一些研究则分析了各种有机微污染物（如甾体雌激素、非甾体合成雌激素化合物、多氯联苯和某种杀虫剂）对环境的内分泌干扰作用（Pojana et al., 2004; Matozzo et al., 2008）。此外，抗生素抗性细菌和其基因还可以通过污水和污泥再利用而被转移到环境中（Bondarczuk et al., 2016）。几种有机微污染物（杀虫剂、多环芳烃、表面活性剂）可能会影响生物体的生理机能，使其对极端水平的自然压力源（如热应激、冰冻温度、干燥、缺氧、饥饿和病原体）造成的环境压力的耐受性降低（Ferreira et al., 2008; Holmstrup et al., 2010）。另外一些研究则发现有机微污染物在食物链顶层物种（例如，食鱼鸟类和海洋哺乳动物）中有累积和放大作用（Fatta-Kassinos et al., 2011）。上述研究大多是关于水生生物的（细菌、藻类、甲壳类动物、鱼类），而关于有机微污染物对土壤生物影响的研究目前还较少。

关于有机微污染物对环境的慢性影响的研究较少（Chalew & Halden, 2009），需要更多的数据以了解它们的协同、拮抗和加成作用。底栖生物也可能接触有机微污染物，然而，到目前为止还没有相关毒理学信息方面的研究。此外，人们还担忧有机微污染物可能被农作物吸收并进入食物链（Dolliver et al., 2007）。

由于环境中同时存在大量的有机微污染物，因此有必要对它们的重要性进行排序，以实现更好的监测和管控（Kumar & Xagoraraki, 2010; von der Ohe et al., 2011; Kuzmanovic et al., 2015）。为了实现该目标，一些国家或地区已经提出了风险评估初步方法，以便确定对水生和土壤生物构成较大威胁的有机微污染物。通过风险评估发现，对水生生物造成较大危害的通常有杀虫剂，如毒死蜱、杀虫硫磷、二嗪农、敌百虫、敌草胺、乙硫异克百威和敌草隆（Kuzmanovic et al., 2015），以及各种新兴污染物，如壬基酚类化合物、三氯生和硅氧烷（Thomaidi et al., 2015; Thomaidi et al., 2016）。

12.5 处理过的污水和污泥中有机微污染物的监管框架

到目前为止，关于污水和污泥处理和利用的立法中很少有关于有机微污染物排放的指南和标准。在国家层面，瑞士首次对来自点源的有机微污染物排放进行控制，其目标是将选定的污水处理厂的有机微污染物的排放量减少80%（Bui et al., 2016），选择的指示化合物为苯并三唑、双氯芬酸、卡马西平、磺胺甲噁唑和甲草克。在美国，有机微污染物不在污水排放的监管内容中，但是在间接饮用水再利用的监管领域设定了一些指示化合物（可替宁、扑米酮、苯妥英钠、卡马西平、雌酮、三氯蔗糖、三氯生、阿替洛尔、甲丙氨酯和二乙基甲苯胺）（Audenaert et al., 2014）。澳大利亚则对供水和再生水利用领域的监管设定了几种有机微污染物的阈值（包括杀虫剂、多环芳烃、有机锡、麝香、壬基酚、三氯生、药物和雌激素）（NRMMC, 2008）。欧盟发布的规范污水处理和排放的 91/271/EU 指令（European Economic Community, 1991）和再生水利用领域均没有设定有机微污染物的值。希腊则对用于农业、城市、工业用途和含水层补给的再生水回用设定了 40 种有机微污染物的限值（包括某种农药、挥发性有机化合物、三丁基锡和壬基苯酚）（Joint Ministerial Decision, 2011）。

对于污泥，欧盟关于污泥农业再利用的基本立法文件是污水污泥指令 86/278/EEC（European Economic Community, 1986）。该文件未对有机微污染物设定限值，但 8 个欧洲国家（奥地利、比利时、捷克共和国、丹麦、法国、德国、斯洛文尼亚和瑞典）已将选定的有机微污染物，如 PAHs、PCBs 卤化有机化合物、邻苯二甲酸盐和壬基酚，纳入其污泥再利用的国家立法中（Kelessidis & Stasinakis, 2012）。

12.6 原著参考文献

Arias-Estevez M., Lopez-Periago E., Martinez-Carballo E., Simal-Gandara J., Mejuto J. C. and Garcia-Rio L. (2008). The mobility and degradation of pesticides in soils and the pollution of groundwater resources. *Agriculture, Ecosystems and Environment*, **123**, 247–260.

Arvaniti O. S. and Stasinakis A. S. (2015). Review on the occurrence, fate and removal of perfluorinated compounds during wastewater treatment. *Science of the Total Environment*, **524–525**, 81–92.

Audenaert W. T. M., Chys M., Auvinen H., Dumoulin A., Rousseau D. and Hulle S. W. H. V. (2014). (Future) regulation of trace organic compounds in WWTP effluents as a driver of advanced wastewater treatment. *Ozone News*, **42**, 17–23.

Bletsou A. A., Asimakopoulos A. G., Stasinakis A. S., Thomaidis N. S. and Kannan K. (2013). Mass loading and fate of linear and cyclic siloxanes in a wastewater treatment plant in Greece. *Environmental Science and Technology*, **47**, 1824–1832.

Bletsou A. A., Jeon J., Hollender J., Archondaki E. and Thomaidis N. S. (2015). Targeted and non-targeted liquid chromatography – mass spectrometric workflows for identification of transformation products of emerging pollutants in the aquatic environment. *TrAC – Trends in Analytical Chemistry*, **66**, 32–44.

Bondarczuk K., Markowicz A. and Piotrowska-Seger Z. (2016). The urgent need for risk assessment on the antibiotic resistance spread via sewage-sludge land application. *Environment International*, **87**, 49–55.

Bui X. T., Vo T. P. T., Ngo H. H., Guo W. S. and Nguyen T. T. (2016). Multicriteria assessment of advanced treatment technologies for micropollutants removal at large scale applications. *Science of the Total Environment*, **563–564**, 1050–1067.

Chalew T. and Halden R. U. (2009). Environmental exposure of aquatic and terrestrial biota to triclosan and triclocarban. *Journal of American Water Research Association*, **45**, 3–13.

Citulski J. A. and Farahbakhsh K. (2010). Fate of endocrine-active compounds during municipal biosolids treatment: a review. *Environmental Science and Technology*, **44**, 8367–8376.

Clara M., Windhofer G., Hartl W., Braun K., Simon M., Gans O., Scheffknect C. and Chovanec A. (2010). Occurrence of phthalates in surface runoff, untreated and treated wastewater and fate during wastewater treatment. *Chemosphere*, **78**, 1078–1084.

Clarke B. O. and Smith S. R. (2011). Review of 'emerging' organic contaminants in biosolids and assessment of international research priorities for the agricultural use of biosolids. *Environment International*, **37**, 226–247.

Dolliver H., Kumar K. and Gupta S. (2007). Sulfamethazine uptake by plants from manure-amended soil. *Journal of Environmental Quality*, **36**, 1224–1230.

Eggen T. and Lillo C. (2012). Antidiabetic Ii drug metformin in plants: uptake and translocation to edible parts of cereals, oily seeds, beans, tomato, squash, carrots, and potatoes. *Journal of Agricultural and Food Chemistry*, **60**, 6929–6935.

European Economic Community (1986). Council Directive of 12 June 1986 on the protection of the environment, and in particular of the soil, when sewage sludge is used in agriculture (86/278/EEC). Off. J. L 18 (04/07/1986).

European Economic Community (1991). Council Directive of 21 May concerning urban wastewater treatment (91/271/EEC).

Fatta-Kassinos D., Kalavrouziotis I. K., Koukoulakis P. H. and Vasquez M. I. (2011). The risks associated with wastewater reuse and xenobiotics in the agroecological environment. *Science of the Total Environment*, **409**, 3555–3563.

Fent K. (1996). Organotin compounds in municipal wastewater and sewage sludge: contamination, fate in treatment process and ecotoxicological consequences. *Science of the Total Environment*, **185**, 151–159.

Ferreira A. L. G., Loureiro S. and Soares A. M. V. M. (2008). Toxicity prediction of binary combinations of cadmium, carbendazim and low dissolved oxygen on Daphnia magna. *Aquatic Toxicology*, **89**, 28–39.

Gatidou G. and Iatrou E. (2011). Investigation of photodegradation and hydrolysis of selected substituted urea and organophosphate pesticides in water. *Environmental Science and Pollution Research*, **18**, 949–957.

Gatidou G., Kinyua J., van Nuijs A. L. N., Gracia-Lor E., Castiglioni S., Covaci A. and Stasinakis A. S. (2016). Drugs of abuse and alcohol consumption among different groups of population on the Greek Island of Lesvos through sewage-based epidemiology. *Science of the Total Environment*, **563–564**, 633–640.

Gavrilescu M. (2005). Fate of pesticides in the environment and its bioremediation. *Engineering in Life Sciences*, **5**, 497–526.

Gerbersdorf S. U., Cimatoribus C., Class H., Engesser K. H., Helbich S., Hollert H., Lange C., Kranert M., Metzger J., Nowak W., Seiler T. B., Steger K., Steinmetz H. and Wieprecht S. (2015). Anthropogenic Trace Compounds (ATCs) in aquatic habitats – research needs on sources, fate, detection and toxicity to ensure timely elimination strategies and risk management. *Environment International*, **79**, 85–105.

Gonzalez M. C. and Roman E. S. (2005). Environmental photochemistry in heterogeneous media. In: The Handbook of Environmental Chemistry. Springer, Berlin Heidelberg, pp. 49–77.

Heidler J. and Halden R. U. (2009). Fate of organohalogens in US wastewater treatment plants and estimated chemical releases to soils nationwide from biosolids recycling. *Journal of Environmental Monitoring*, **11**, 2207–2215.

Holmstrup M., Bindesbol A. M., Oostingh G. J., Duschl A., Scheil V., Kohler H. R., Loureiro S., Soares A. M. V. M., Ferreira A. L. G., Kienle C., Gerhardt A., Laskowski R., Kramarz P. E., Bayley M., Svendsen C. and Spurgeon D. J. (2010). Interactions between effects of environmental chemicals and natural stressors: a review. *Science of the Total Environment*, **408**, 3746–3762.

Janex-Habibi M. L., Huyard A., Esperanza M. and Bruchet A. (2009). Reduction of endocrine disruptor emissions in the environment: the benefit of wastewater treatment. *Water Research*, **43**, 1565–1576.

Joint Ministerial Decision (2011) For Measures, Conditions and Procedures for Reuse Treated Wastewater and Other Provisions. Hellenic Democracy, Ministry of Environment, Energy and Global Change, 145116/2011.

Jones O. A. H., Voulvoulis N. and Lester J. N. (2005). Human pharmaceuticals in wastewater treatment processes. *Critical Reviews in Environmental Science and Technology*, **35**, 401–427.

Kalavrouziotis I. K., Kokkinos P., Oron G., Fatone F., Bolzonella D., Vatyliotou M., Fatta-Kassinos D., Koukoulakis P. H. and Varnavas S. P. (2015). Current status in wastewater treatment, reuse and research in some Mediterranean countries. *Desalination and Water Treatment*, **53**, 2015–2030.

Katsoyiannis A. and Samara C. (2004). Persistent organic pollutants in the sewage treatment plant of Thessaloniki, northern Greece: occurrence and removal. *Water Research*, **38**, 2685–2698.

Kelessidis A. and Stasinakis A. S. (2012). Comparative study of the methods used for treatment and final disposal of sewage sludge in European countries. *Waste Management*, **32**, 1186–1195.

Kouzmanovic M., Ginebreada A., Petrovic M. and Barcelo D. (2015). Risk assessment based prioritization of 200 organic micropollutants in 4 Iberian rivers. *Science of the Total Environment*, **503–504**, 289–299.

Kumar A. and Xagoraraki I. (2010). Pharmaceuticals, personal care products and endocrine-disrupting chemicals in U.S. surface and finished drinking waters: a proposed ranking system. *Science of the Total Environment*, **408**, 5972–5989.

Lapworth D., Baran N., Stuart M. and Ward R. (2012). Emerging organic contaminants in groundwater: a review of sources, fate and occurrence. *Environmental Pollution*, **163**, 287–303.

Loos R., Gawlik B. M., Locoro G., Rimaviciute E., Contini S. and Bidoglio G. (2010). EU-wide survey of polar organic persistent pollutants in European river waters. *Environmental Pollution*, **157**, 561–568.

Luo Y., Guo W., Ngo H. H., Nghiem L. D., Hai F. I., Zhang I., Liang S. and Wang X. (2014). A review on the occurrence of micropollutants in the aquatic environment and their fate and removal during wastewater treatment. *Science of the Total Environment*, **473–474**, 619–641.

Mailler R., Gasperi J., Chebbo G. and Rocher V. (2014). Priority and emerging pollutants in sewage sludge and fate during sludge treatment. *Waste Management*, **34**, 1217–1226.

Matozzo V., Gagne F., Marin M. G., Ricciardi F. and Blaise C. (2008). Vitellogenin as a biomarker of exposure to estrogenic compounds in aquatic invertebrates: a review. *Environment International*, **34**, 531–545.

Mazioti A. A., Stasinakis A. S., Gatidou G., Thomaidis N. S. and Andersen H. R. (2015). Sorption and biodegradation of selected benzotriazoles and hydroxybenzothiazole in activated sludge and estimation of their fate during wastewater treatment. *Chemosphere*, **131**, 117–123.

McClellan K. and Halden R. U. (2010). Pharmaceuticals and personal care products in archived U.S. biosolids from the 2001 EPA national sewage sludge survey. *Water Research*, **44**, 658–668.

Neely W. B. (1985). Hydrolysis. In: Environmental Exposure from Chemicals, W. B. Neely and G. E. Blau (eds), CRC Press, Boca Raton.

Nödler K., Tsakiri M., Aloupi M., Gatidou G., Stasinakis A. S. and Licha T. (2016). Evaluation of polar organic micropollutants as indicators for wastewater-related coastal water quality impairment. *Environmental Pollution*, **211**, 282–290.

NRMMC (2008). Environment Protection and Heritage Council, National Health and Medical Research Council & Natural Resource Management Ministerial Council. Australian Guidelines for Water Recycling: Augmentation of Drinking Water Supplies. Biotext Pty Ltd., Canberra.

Petrie B., Barden R. and Kasprzyk-Hordern B. (2015). A review of emerging contaminants in wastewater and the environment: current knowledge, understudied areas and recommendation for future monitoring. *Water Research*, **72**, 3–27.

Pignatello J. J. (1998). Soil organic matter as a nanoporous sorbent of organic pollutants. *Advances in Colloid Interface Science*, **76–77**, 445–467.

Pojana G., Bonfà A., Busetti F., Collarin A. and Marcomini A. (2004). Estrogenic potential of the Venice, Italy, lagoon waters. *Environmental Toxicolology Chemistry*, **23**, 1874–1880.

Ratola N., Cincinelli A., Alves A. and Katsoyiannis A. (2012). Occurrence of organic microcontaminants in the wastewater treatment process. *Journal of Hazardous Materials*, **239–240**, 1–18.

Samaras V. G., Stasinakis A. S., Mamais D., Thomaidis N. S. and Lekkas T. D. (2013). Fate of selected pharmaceuticals and synthetic endocrine disrupting compounds during wastewater treatment and sludge anaerobic digestion. *Journal of Hazardous Materials*, **244–245**, 259–267.

Schymanski E. L., Singer H. P., Longree P., Loos M., Ruff M., Straus M. A., Ripolles Vidal C. and Hollender J. (2014). Strategies to characterize polar organic contaminants in wastewater: exploring the capability of high resolution mass spectrometry. *Environmental Science and Technology*, **48**, 1811–1818.

Sharer M., Park J. H., Voice T. C. and Boyd S. A. (2003). Aging effects on the sorption–desorption characteristics of anthropogenic organic compounds in soil. *Journal of Environmental Quality*, **32**, 1385–1392.

Stasinakis A. S. (2012). Review on the fate of emerging contaminants during sludge anaerobic digestion. *Bioresource Technology*, **121**, 432–440.

Stasinakis A. S., Gatidou G., Mamais D., Thomaidis N. S. and Lekkas T. D. (2008). Occurrence and fate of endocrine disrupters in Greek sewage treatment plants. *Water Research*, **42**, 1796–1804.

Stasinakis A. S., Thomaidis N. S., Arvaniti O. S., Asimakopoulos A. G., Samaras V. G., Ajibola A., Mamais D. and Lekkas T. D. (2013). Contribution of primary and secondary treatment on the removal of benzothiazoles, benzotriazoles, endocrine disruptors, pharmaceuticals and perfluorinated compounds in a sewage treatment plant. *Science of the Total Environment*, **463–464**, 1067–1075.

Subedi B., Lee S., Moon H. B. and Kannan K. (2014). Emission of artificial sweeteners, selected pharamceuticals and personal care products through sewage sludge from wastewater treatment plants in Korea. *Environment International*, **68**, 33–40.

Suthersan S. (2001). Natural and Enhanced Remediation Systems. CRC Press, Boca Raton.

Tancal T., Jangam S. V. and Gunes E. (2011). Abatement of organic pollutant concentrations in residual treatment sludges: a review of selected treatment technologies including drying. *Drying Technology*, **29**, 1601–1610.

Thomaidi V. S., Stasinakis A. S., Borova V. L. and Thomaidis N. S. (2015). Is there a risk for the aquatic environment due to the existence of emerging organic contaminants in treated domestic wastewater? Greece as a case-study. *Journal of Hazardous Materials*, **283**, 740–747.

Thomaidi V. S., Stasinakis A. S., Borova V. L. and Thomaidis N. S. (2016). Assessing the risk associated with the presence of emerging organic contaminants in sludge-amended soil: a country-level analysis. *Science of the Total Environment*, **548–549**, 280–288.

Venkatesan A. K. and Halden R. U. (2014). Brominated flame retardants in U.S. biosolids from the EPA national sewage sludge survey and chemical persistence in outdoor soil mesocosms. *Water Research*, **55**, 133–142.

Verlicchi P., Al Aukidy M. and Zambello E. (2012). Occurrence of pharmaceutical compounds in urban wastewater: removal, mass load and environmental risk after a secondary treatment: a review. *Science of the Total Environment*, **429**, 123–155.

Von der Ohe P. C., Dulio V., Slobodnik J., De Deckere E., Kühne R., Ebert R. U., Ginebreda A., De Cooman W., Schüürmann G. and Brack W. (2011). A new risk assessment approach for the prioritization of 500 classical and emerging organic microcontaminants as potential river basin specific pollutants under the European Water Framework Directive. *Science of the Total Environment*, **409**, 2064–2077.

Waldman M. and Shevah Y. (1993). Biodegradation and leaching of pollutants: monitoring aspects. *Pure Applied Chemistry*, **65**, 1595–1603.

Wu X. L., Xiang L., Yan Q.-Y., Jiang Y.-N., Li Y.-W., Huang X. P. and Li H. (2014). Distribution and risk assessment of quinolone antibiotics in the soils from organic vegetable farms of a subtropical city, Southern China. *Science of the Total Environment*, **487**, 399–406.

Yang G., Zhang G. and Wang H. (2015). Current state of sludge production, management, treatment and disposal in China. *Water Research*, **78**, 60–73.

Yu L., Fink G., Wintgens T., Melin T. and Ternes T. A. (2009). Sorption behavior of potential organic wastewater indicators with soils. *Water Research*, **43**, 951–960.

Zolfaghari M., Drogui P., Seyhi P., Brai S. K., Buelna G. and Dube R. (2014). Occurrence, fate and effects of Di (2-ethylhexyl) phthalate in wastewater treatment plants: a review. *Environmental Pollution*, **194**, 281–293.

第 13 章

决策支持系统在污水和生物固体安全再利用中的应用

13.1 概述

处理过的污水和污泥（有时被称为生物固体）的管理问题是各个国家关注的重点，特别是那些没有面临灌溉水短缺问题的国家。一方面，对于这些国家来说，处理过的污水如果在二级处理后就直接排放到地表水中，可能会导致水体富营养化，因此大量尾水排放的环境风险会给负责管理污水处理厂（WWTP）尾水排放的政府官员带来较大压力。另一方面，世界上有许多国家认为污水和生物固体是一种资源，它们可以提供灌溉水、植物养分和有机物质，是作物生产和改善土壤物理化学性质的有用成分，被广泛应用于农业生产。通常，这些国家气候干旱，大部分时间面临水资源短缺问题，非常重视处理过的污水和污泥的管理问题。

目前，全球每年产生的污水总量约为 330 000 000m^3。一些国家会将大部分处理过的污水排放到海里，将大部分未被处理的液体污泥排放到倾倒场。与之相反，许多国家（如美国、中国和印度）会将这些污水处理厂的产物（尾水和污泥）用于农业。此外，一些高收入国家为了应对气候变化带来的水资源短缺问题，提倡将污水和污泥进行农业利用。尽管污水和污泥的再利用问题面临一系列挑战，例如，新兴污染物（药品）和农用化学品中存在重金属，但它们仍然被广泛应用于农业生产。

当前很多研究建议在污水和生物固体的回收利用中采用决策支持系统（Decision Support System, DSS），以便其能够在农业中合理应用。本书重点关注 DSS 在协助污水和生物固体实现利用和确保安全性两方面的优点。

对于污水和生物固体再利用来说，DSS 需要考虑多方面因素，而且需要对大量数据进行有效整合，并开展相应的研究，以得出污水和生物固体对土壤和植物系统影响的相关结论,从而制定最佳的管理策略。

根据现有的关于污水和生物固体再利用研究方面的基础和计算机科学的发展,DSS 有望更广泛地应用于污水和生物固体在农业领域的有效再利用,特别是关于"安全再利用"的决策支持。

DSS 的有效应用可以弥补人类对污水再利用众多问题的认知缺陷。DSS 可以利用现代计算机硬件的强大功能来解决污水和生物固体再利用的复杂问题。对于污水和生物固体的再利用来说,为其制定合理的管理策略具有重要意义。实现安全再利用是一个困难的、多维度的问题。DSS 的有效应用可以实现污水在农业中的相对安全利用。DSS 可以通过有效地处理大量数据来实现这个目标。

污水是一个复杂的系统,仅靠人的判断难以对其进行有效研究,必须借助其他工具进行。此外,由于我们对影响因素的认识逐渐增加,因此污水再利用变得更加复杂。通过使用复杂的 DSS,可以有效地解决与土壤-植物系统复杂和动态变化环境相关的众多问题。它还可以对土壤-植物系统的许多具体问题进行评估和计算。考虑 DSS 的上述能力,它能以高成本效益的方式,为相关决策过程和有效管理提供理想的解决方案,从而确保土壤肥力和生产力的可持续发展(Dumitrescu & Chitescu, 2015)。

通常,与污水和生物固体相关的问题很复杂,其特点是影响因素多且随时间推移而发生变化。此外,宏观和微量营养物质之间及与重金属包括土壤物理化学性质的相互作用等导致问题变得更加复杂,很难制定理想的解决方案。然而,使用计算机程序即 DSS 可以对污水和生物固体数据进行有效处理,从而得出相关结论。因此,通过人工判断和人工智能的结合可以使决策通过一种有效的、高效的工具实现,并达到最佳效果。

当前数字技术的进步有助于通过使用不同类型的 DSS 来增强和扩展人类的认知,而且学者们已经对其开展了广泛研究(Hidalgo et al., 2007; Hamouda et al., 2009; Khadra & Lamaddalena, 2010;Almeida et al., 2013; Karlsson et al., 2016; Rose et al., 2016; Car, 2018; Jayasuriya et al., 2018; Oertlé et al., 2019; Rupnik et al., 2019)。然而,上述 DSS 主要关注的是再利用方面的问题,即与系统规划和设计或成本分析相关的技术和经济细节,而没有关注土壤肥力和生产力的提高、无机肥料应用的减少、土壤中的重金属累积、缓解世界范围内大量产生的污水和生物固体所带来的压力。

第13章 决策支持系统在污水和生物固体安全再利用中的应用

尽管现有研究已经取得了一些进展，但距离污水的"安全回用"仍有一定差距，仍然需要开展大量相关研究。有人建议采用定制的 DSS 来提供部分解决方案，从而实现污水和生物固体在农业中的安全回用。采用的 DSS 必须是一个专家系统，能够有效地实现"真正的安全"。这样的 DSS 可以有效地解决污水和生物固体的安全回用问题，从而使其得到广泛回用，减轻世界各地污水处理厂产生大量出水带来的环境风险负担。具体而言，DSS 需要实现以下目标。

- 将污水有效地用于农作物灌溉。
- 提供植物所需的养分和有机物质，使土壤更肥沃，确保土壤的物理化学性质得到改善，例如：
    - 土壤结构；
    - 孔隙率；
    - 持水能力；
    - 空气循环；
    - 抗侵蚀性；
    - 优化土壤肥力；
    - 生产力。
- 降低肥料成本。
- 预测和预防土壤重金属污染。
- 优化作物的产量和品质。
- 防止和保护农业生态系统富营养化和重金属超标。
- 减轻环境因大量污水和生物固体堆积而造成的过度压力。
- 优化环境，提高生活质量。

除上述能力外，DSS 还必须有效且成功地满足并达到以下要求：

- 根据每种作物的定量和定性养分需求，分别计算每种作物的最佳养分剂量。必须在可用的营养来源基础上计算，例如：
    - 土壤残留养分；
    - 污水养分供应；
    - 生物固体营养素释放。

此外，DSS 必须能够估计最佳营养剂量，并对由以下原因造成的损失百分比进行校正：

- 通过水的渗透浸出土壤；
- 降水反应对土壤中植物养分的固定作用；
- 与各种金属的相互作用（竞争）；
- 被固定；
- 反硝化；
- 在强碱性 pH 值条件下的高挥发性；
- 黏土矿物对铵（NH_4^+）的固定作用。

DSS 必须将上述氮素损失考虑在内，以便计算出植物生长的实际最佳氮素水平。总之，DSS 必须能够评估养分损失。

- 如果污水、生物固体和土壤的残留养分的供应不能满足作物的需要，则需要能够计算出植物所需的额外养分量。
- 指导用户在不同季节使用不同的施肥方法（秋季、冬季、夏季或春季）。
- 计算污染指数，告知农民土壤受重金属污染的程度。
- 确定用于作物灌溉的污水水质，以便分析其是否适用于灌溉。
- 计算石灰材料的最佳用量，以改善酸性土壤（pH < 7.0）。
- 告知用户其盐度和浸出情况。

值得注意的是，DSS 必须以环境友好为目标，能够单独用于分析污水或生物固体，或两者兼顾。

此外，DSS 必须将现代技术与直观的用户界面结合起来，这样即使是没有经验的计算机用户也可以轻松使用。

13.2 已开发的 DSS

希腊开放大学科学与技术学院的研究团队经过深入研究，开发出具有诸多优点的专家系统 DSS，不仅能够实现上述所有功能，还能实现安全再利用。

其开发 DSS 的基本架构特征如下：

- 该系统的知识库包含污水中建议的最大重金属浓度和相应规则（WHO, 2006）。
- 该系统具有许多优点，例如：
  - 它可以计算出适用于土壤的最佳植物养分水平，并考虑以下因素：

污水和生物固体提供的养分，通过肥料添加的养分，包括以前施肥的土壤残留物。所有这些元素构成了营养素的可用部分，包括以下来源：

- 土壤；
- 污水；
- 生物固体；
- 施肥。

因此，通过考虑所有这些营养来源，可以计算出最佳营养剂量。

■ DSS 计算的最佳肥料用量也能根据估计的养分损失百分比进行校正。这些损失为：植物养分通过土壤渗漏而流失，并进入地下水；由于化学、生物和其他原因，养分被固定在土壤中，无法用于植物生长。

13.3 示例

从以下两个示例中可以看到 DSS 的决策能力，它们使用的是相同的作物（见表 13-1）和相同的土壤。土壤的物理化学性质见表 13-2，土壤中的微量营养素和重金属含量见表 13-3。

表 13-1　作物类型和污水或生物固体施用量

作物	土豆
污水回用	3500 m^3/hm^2
生物固体	8000 kg/hm^2

表 13-2　土壤的物理化学性质

pH 值	$CaCO_3$（%）	有机质（%）	EC（mS/cm）	黏土（%）	土壤类型
6.0	0	1.8	1.2	18	轻质土

13.3.1　高养分输入示例

在第一个示例中，将处理过的市政污水（Treated Municipal Wastewater，TMW）和生物固体的高营养成分结合起来（见表 13-4）应用于土豆作物（见表 13-1）。

表 13-3　土壤中的微量营养素和重金属含量

元素	重金属含量（mg/kg）
N	0.00
P	10.00
K	100.00
Mg	30.00
B	0.60
Fe	5.00
Mn	4.00
Zn	0.60
Cu	0.15
Cd	0.05
Co	0.04
Cr	0.01
Ni	0.29
Pb	1.50
Ca	100.00
NO_3	13.00
Na	5.00

表 13-4　处理过的市政污水（TMW）和生物固体的宏观、微量营养素和重金属（高养分输入示例）

元素	处理过的市政污水（mg/L）	生物固体（mg/kg）
P	2.0	500.00
K	9.0	600.00
Mg	450.0	500.00
B	0.8	2.00
Fe	0.45	250.00
Mn	0.2	60.00
Zn	0.08	200.00
Cu	0.15	20.00

续表

元素	处理过的市政污水（mg/L）	生物固体（mg/kg）
Cd	0.01	0.28
Co	0.014	0.98
Cr	0.1	0.40
Ni	0.018	0.40
Pb	0.29	300.00
Na	12.0	—
NO_3	14.0	—
NH_4	20.0	—

土壤的重金属污染程度采用表 13-5 的污染指标进行评价。土壤污染水平评估见表 13-5。

从表 13-6 中可以看到 DSS 合理的植物养分水平、相应的无机肥料用量和有效的施肥建议。合理的作物施肥建议见表 13-6。

表 13-5　土壤污染水平评估（高养分输入示例）

未使用污水进行灌溉的土壤污染指数	使用污水进行灌溉的土壤污染指数	污染程度评估
0.2051	0.3391	无污染

表 13-6　合理的作物施肥建议（高养分输入示例）

元素	施用量（kg/hm^2）	肥料	施肥建议
N	0	—	本年度无须施肥
P_2O_5	0	—	本年度无须施肥
K_2O	215.31	430.62 kg/hm^2 硫酸钾 0-0-50	在播种前施用
MgO	0	—	本年度无须施肥
Fe	0	—	本年度无须施肥
Zn	1.94	13.86 kg/hm^2 Sequestrene–NA_2–Zn 14% 或 12.93 kg/hm^2 Zn–EDTA 15%	根据制造商指南，通过喷雾施用或与上述肥料之一混合撒播
Mn	19.38	60.56 kg/hm^2 硫酸锰 32% 或 53.83 kg/hm^2 $MnSO_4$ 36%	在播种前施用

续表

元素	施用量（kg/hm²）	肥料	施肥建议
Cu	2.13	8.52 kg/hm² CuSO₄ 25%	与上述肥料中的一种混合喷洒或撒播
B	0	—	本年度无须施肥

13.3.2 低养分输入示例

在第二个示例中，处理过的城市污水（TMW）和生物固体的低营养成分组合在相同的作物和土壤中回收利用（见表13-7）。

表13-7 处理过的市政污水（TMW）和生物固体的宏观、微量营养素和重金属（低养分输入示例）

元素	处理过的市政污水（mg/L）	生物固体（mg/kg）
P	0.50	150.00
K	2.00	100.00
Mg	120.00	200.00
B	0.25	0.50
Fe	0.15	135.00
Mn	0.10	20.00
Zn	0.02	0.50
Cu	0.08	12.00
Cd	0.01	0.12
Co	0.05	0.54
Cr	0.09	0.15
Ni	0.10	0.16
Pb	0.11	150.00
Na	4.00	—
NO₃	8.00	—
NH₄	10.00	—

第二个示例的土壤重金属污染水平由表13-8的土壤污染水平评估评价，结果是使用处理过的污水进行灌溉没有污染风险。

表 13-8 土壤污染水平评估（低养分输入示例）

未使用污水进行灌溉的 土壤污染指数	使用污水进行灌溉的 土壤污染指数	污染程度评估
0.2051	0.3149	无污染

合理的作物施肥建议见表 13-9，其中包含 DSS 建议的合理植物养分水平、肥料施用量和有效施肥指南。

表 13-9 合理的作物施肥建议（低养分输入示例）

元素	施用量（kg/hm²）	肥料	施肥建议
N	78.74	剂量，1/4，72.91 kg/hm² 硝酸铵钙 27-0-0 剂量，3/4，291.63 kg/hm² 硝酸铵钙 27-0-0	1/4 在播种前施用，并拌入土壤；3/4 从开花时开始施用，表面施用，并持续到产果期，每 10 d 施用 2 次
P_2O_5	33.42	167.10 kg/hm² 普通磷酸盐 0-20-0 或 72.65 kg/hm² 高纯度磷酸盐 0-46-0	在播种前施用
K_2O	250.69	501.38 kg/hm² 硫酸钾 0-0-50	在播种前施用
MgO	0	—	本年度无须施肥
Fe	0	—	本年度无须施肥
Zn	2.58	18.43 kg/hm² Sequestrene-NA-Zn 14% 或 17.20 kg/hm² Zn-EDTA 15%	根据制造商指南，通过喷雾施用或与上述肥料之一混合撒播
Mn	19.83	61.97 kg/hm² 硫酸锰 32% 或 55.08 kg/hm² 硫酸锰 36%	在播种前施用
Cu	2.43	9.72 kg/hm² 硫酸铜 25%	与上述肥料之一混合喷洒或撒播硼砂：与上述肥料之一混合喷洒或撒播
B	1.03	8.96 kg/hm² 硼砂 11.5% 或 5.02 kg/hm² 速乐硼 20.5%	硼砂：与上述肥料之一混合喷洒或撒播 速乐硼（Solubor）：根据制造商指南，通过喷雾施用或与其他肥料混合撒播

13.3.3 示例研究结果

（1）出于比较原因，两个示例都包含相同的作物类型。

(2)因两个示例使用的是相同的土壤样品,故计算结果是基于相同的土壤分析数据(物理化学性质、宏观微量养分和重金属浓度)得出的,以便于比较。

(3)两个示例均在使用处理过的污水之前,土壤污染指数值相同,以便于比较。

(4)两个示例中的重金属浓度均低于建议的再利用限值(WHO,2006),并且在评估期间,系统未检测到污染风险。

(5)第一个示例中,用处理过的污水灌溉的土壤污染指数略高于第二个示例中的相应值,这是由利用的污水中的重金属浓度较高导致的。

(6)通过比较两个示例中计算的养分剂量,发现在高养分输入示例的情况下(见表13-6),建议的养分剂量非常低,建议的施肥量也很少。与低养分输入示例相比,后者非常高(见表13-9)。

(7)在第二个低养分输入示例中,建议对马铃薯作物额外施用的肥料水平非常高。表13-10以具体而清晰的方式体现了这些差异,强调了通过使用DSS进行污水和生物固体的再利用可获得的经济效益。由DSS计算出的两个示例分别建议应用于土豆作物的营养剂量见表13-10。

(8)在第一个示例中,高养分输入完全满足植物对N、P、Mg、Fe和B的养分需求。对于这些元素,养分剂量的增益为100%(见表13-10)。

(9)在第二个示例中,应用较低的养分含量可以满足植物对Mg和Fe的养分需求(见表13-10)。

(10)表13-10得出的结论是,使用处理过的污水和具有较高营养浓度的生物固体可以显著增加营养元素。

表13-10 由DSS计算出的两个示例分别建议应用于土豆作物的营养剂量

元素	高养分输入示例(剂量)(kg/hm^2)	低养分输入示例(剂量)(kg/hm^2)	建议添加的养分剂量(kg/hm^2)	建议添加的养分剂量百分比(%)
N	0	78.74	78.74	100.0
P_2O_5	0	33.42	33.42	100.0
K_2O	215.31	250.69	35.38	14.11
MgO	0	0	0	—
Fe	0	0	0	—
Zn	1.94	2.58	0.64	24.81
Mn	19.38	19.83	0.45	2.27

续表

元素	高养分输入示例（剂量）（kg/hm²）	低养分输入示例（剂量）（kg/hm²）	建议添加的养分剂量（kg/hm²）	建议添加的养分剂量百分比（%）
Cu	2.13	2.43	0.3	12.35
B	0	1.03	1.03	100.0

注：建议添加的养分剂量＝剂量$_1$－剂量$_2$。

13.4 结论

上述例子表示如何通过在农业中以特定和具体的方式再利用处理过的污水和生物固体，以减少农作物的无机肥料施用量。这种做法有以下优点：

- 农民可以通过在农业生产中使用污水和生物固体而获得经济利润。
- 防止和保护农业生态系统受富营养化和重金属过量的影响。
- 减少大量污水和生物固体排放的环境风险。
- 环境和生活质量得到提高。

DSS 可以成为在农业中安全再利用处理过的污水和生物固体的有用工具，通过提供安全的灌溉和施肥决策为生态系统作出贡献。科技的进步使得从污水和生物固体中去除有毒污染物，将其转化为安全物质的目标有望实现。希望科技的进步最终能够为这个全球性问题提供明确的答案，并将污水和生物固体转化为真正的"资源"（Koukoulakis et al., 2019）。

13.5 原著参考文献

Almeida G., Vieira J., Marques A. S., Kiperstok A. and Cardoso A. (2013). Estimating the potential water reuse based on fuzzy reasoning. *Journal of Environmental Management*, **128**, 883–892.

Car N. J. (2018). USING decision models to enable better irrigation Decision Support Systems. *Computers and Electronics in Agriculture*, 152, 290–301.

Dumitrescu A. and Chitescu R. (2015). The role of decision support systems (DSS) in the optimization of public sector management. Paper presented at FINIZ 2015 – Contemporary Financial Management, pp. 137–141.

Hamouda M., Anderson W. and Huck P. (2009). Decision support systems in water and wastewater treatment process selection and design: A review. *Water Science and Technology:A Journal of the International Association on Water Pollution Research*, **60**, 1757–1770.

Hidalgo D., Irusta R., Martinez L., Fatta D. and Papadopoulos A. (2007). Development of a multi-function software decision support tool for the promotion of the safe reuse of treated urban wastewater. *Desalination*, **215**(1–3), 90–103.

Jayasuriya P. W., Al-Busaidi A. and Ahmed M. (2018). Development of a decision support system for precision management of conjunctive use of treated wastewater for irrigation in Oman. *Journal of Agricultural and Marine Sciences [JAMS]*, **22**(1), 58–62.

Karlsson H., Ahlgren S., Sandgren M., Passoth V., Wallberg O. and Hansson P.-A. (2016). A systems analysis of biodiesel production from wheat straw using oleaginous yeast: Process design, mass and energy balances. *Biotechnology for Biofuels*, **9**, 229.

Khadra R. and Lamaddalena N. (2010). Development of a decision support system for irrigation systems analysis. *Water Resources Management*, **24**, 3279–3297.

Koukoulakis P., Kyritsis S. and Kalavrouziotis I. (2019). Decision Support System for Wastewater and Biosolids Reuse in Agricultural Applications. Hellenic Open University, Greece.

Oertlé E., Hugi C., Wintgens T. and Karavitis C. A. (2019). Poseidon – decision support tool for water reuse. *Water*, **11**(1), 153.

Rose D. C., Sutherland W. J., Parker C., Lobley M., Winter M., Morris C., Twining S., Ffoulkes C., Amano T. and Dicks L. V. (2016). Decision support tools for agriculture: Towards effective design and delivery. *Agricultural Systems*, **149**, 165–174.

Rupnik R., Kukar M., Vračar P., Košir D., Pevec D. and Bosnić Z. (2019). AgroDSS: A decision support system for agriculture and farming. *Computers and Electronics in Agriculture*, **161**, 260–271.

WHO (Ed.). (2006). Wastewater Use in Agriculture, 3rd edn. World Health Organization, Geneva, Switzerland.

附录
配套学习指南

阿尼斯·卡拉夫鲁齐奥蒂斯（Ioannis K. Kalavrouziotis）

第1章 早期污水管理

学习目标

本章通过对世界上各个国家早期污水管理的回顾，讲述了一些沿用至今的古老方法，以及如何将这些方法应用于现代可持续污水管理中。

预期学习效果

通过本章的学习，读者应该掌握以下内容：
- 学习早期污水管理方法和技术；
- 了解不同历史时期和文化背景下的污水管理；
- 了解污水管理对不同社会的影响；
- 从早期污水管理实践中归纳总结适用于未来的先进理念。

核心概念

污水，管理，古代文明，处理，排放，处置，人类健康，环境，污水系统，卫生系统。

学习计划

"1.1 概述"对早期污水管理进行总体描述，阐述了污水管理和河流水质之间的相互作用及其对人体健康的影响。对应自我评估练习 S.A. 1.1 及原著参考文献 [1.1] 和 [1.2]。

"1.2 中东与印度地区"描述了乌尔古城、古巴比伦和印度河流域的污水管理，还讨论了排水系统和处理过的尾水排入运河的首次实践。对应自我评估练习 S.A. 1.2 及原著参考文献 [1.2]，[1.3]，[1.4]。

"1.3 中国"介绍了中国城镇排水系统和污水管理的发展。对应自我评估练习 S.A. 1.2 及原著参考文献 [1.2]，[1.3]，[1.4]。

"1.4 非洲地区"介绍了古埃及人的习俗，并提出米诺斯人在供水、污水、雨洪管理方面可能存在的技术融合的假设。对应自我评估练习 S.A. 1.2 及原著参考文献 [1.2]，[1.3]，[1.4]。

"1.5 地中海地区"概述了从希腊人到罗马人的污水管理方式，以及随罗马帝国衰落而消亡的公共卫生系统。对应自我评估练习 S.A. 1.3 及原著参考文献 [1.5]、[1.6]、[1.7]。

学习阶段	章节	原著参考文献	自我评估练习
第一阶段	1.1	[1.1], [1.2]	S.A. 1.1
第二阶段	1.2，1.3，1.4	[1.2], [1.3], [1.4]	S.A. 1.2
第三阶段	1.5	[1.5], [1.6], [1.7]	S.A. 1.3

原著参考文献

[1.1] Lofrano G. and Brown J. (2010). Wastewater management through the ages: A history of mankind. *Science of the Total Environment*, **408**(22), 5254–5264.

[1.2] Cooper P. F. (2007). Historical aspects of wastewater treatment. In: Decentralised Sanitation and Reuse: Concepts, Systems and Implementation, P. Lens, G. Zeeman and G. Lettinga (eds). IWA Publishing, London, UK.

[1.3] Wolfe P. (1999). History of Wastewater. World of Water 2000 – the Past, Present and Future. Water World/Water and Wastewater International Supplement to Penn Well Magazines, Tulsa, OH, USA.

[1.4] Angelakis A. N. and Zheng X. Y. (2015). Evolution of water supply, sanitation, wastewater, and stormwater technologies globally. *Water*, **7**(2), 455–463.

[1.5] Golfinopoulos A., Kalavrouziotis I. K. and Aga V. (2016). The hydraulic technologies for the wastewater management applied in ancient Greece – A review. *Desalination and Water Treatment*, **57**, 28015–28024.

[1.6] Angelakis A. N., Koutsoyiannis D. and Tchobanoglous G. (2005). Urban wastewater and stormwater technologies in ancient Greece. *Water Research* **39**, 210–20.

[1.7] Vuorinen H. S. (2010). Water, toilets and public health in the Roman era. *Water Science & Technology: Water Supply – WSTWS*, **10**(3), 411–415.

自我评估练习

S.A. 1.1

分析早期污水管理的发展历程。（原著参考文献 [1.1]）

S.A. 1.2

1.2、1.3、1.4中描述的不同文明之间的差异是什么?(原著参考文献[1.2],[1.3],[1.4])

S.A. 1.3

在古罗马时期,是哪些与污水管理有关的原因造成疾病流行的?

第 2 章 污水处理新技术

学习目标

随着 20 世纪人口增长,用水量也随之增加了一倍多。目前,水资源紧张的压力只影响一小部分人,但预计到 2025 年将影响 45% 的人。水环境中营养物质的增加,特别是氮、磷含量的增加,进一步增加了城市水环境管理的压力。即使在发达国家,污泥的生产、管理和处置仍是一个难以解决的问题。运行了几十年的传统污水处理厂面临技术、数据等方面的新问题,需采用新的策略,以及更高效、更有效益的方法去解决。城市水资源的管理需要考虑社会、环境和经济目标,并且采取可持续发展措施。这种措施要求降低能源消耗和运营成本,并提高污水处理厂的运行效率。面临的挑战主要是制定实施城市水资源管理的方法和相关的支撑技术。本章重点介绍,在新的环境、经济和社会条件下,污水处理厂可采取的促进可持续发展的新技术。脱氮、磷回收、膜生物反应器、高级氧化工艺、污泥的处理处置等创新工艺是本章讨论的重点。

预期学习效果

通过本章的学习,读者应该对污水处理和生物固体领域的新趋势和新技术有一个全面的、综合的了解,尤其是以下几个方面:

- 深入了解气候变化对污水处理的影响,并思考应对这个问题的方法;
- 熟悉污水脱氮的新工艺,并能够将其应用于污染物降解及再生水资源处理;
- 了解磷缺乏的问题,以及从污水中回收磷资源的潜力;
- 熟悉新的膜生物反应器工艺,思考传统污水处理厂的升级及扩建方向;
- 了解高级氧化工艺,以及基础科学的进步对污水处理工艺创新产生的杠杆效应;
- 学习污泥处理处置的方法,将污泥当作有用的资源,而非有害的废弃物。

核心概念

污水处理,新技术,气候变化,脱氮,磷回收,膜生物反应器,高级氧化工艺,污泥的处理处置。

附录　配套学习指南

学习计划

本章的研究基于具体的学习逻辑顺序。本章介绍了水资源的可用性、污水产生和处理的常见问题，应对污水处理具体问题的新技术。以下为各项内容对应的章节和原著参考文献：

- 污水处理、新技术、气候变化对应原著参考文献 [2.1],[2.2]；
- 氮和磷的去除和回收对应原著参考文献 [2.3], [2.4]；
- 膜生物反应器、高级氧化工艺对应原著参考文献 [2.5], [2.6], [2.7]；
- 污泥的处理处置对应原著参考文献 [2.8]。

学习阶段	章节	原著参考文献	自我评估练习或课后活动
第一阶段	2.1	[2.1], [2.2]	S.A. 2.1
第二阶段	2.2, 2.3	[2.3], [2.4]	Act. 2.1
第三阶段	2.4, 2.5	[2.5], [2.6], [2.7]	S.A. 2.2, S.A. 2.3
第四阶段	2.6	[2.8]	S.A. 2.4

读者可通过 HOU 提供的数据库搜索更多的原著参考文献资源，也可以通过互联网寻找辅助材料（视频、案例研究、照片、操作部件等）。如有可能，建议参观相关污水管理和污水处理单位，与业务人员讨论和交流。

原著参考文献

[2.1] Daigger G. T. (2008). New Approaches and technologies for wastewater management. In: The Bridge Linking Engineering and Society, G. Bugliarello (ed.). National Academy of Engineering, Washington, DC, pp 38–45.

[2.2] Henze M., van Loosdrecht M. C. M., Ekama G. A. and Brdjanovic D. (2008). Biological Wastewater Treatment: Principles, Modelling and Design. IWA Publishing, London.

[2.3] Biswas R. and Nandy T. (2015). Biological nitrogen removal in wastewater treatment. In: Environmental Waste Management, R. Chandra (ed.). CRC Press, Taylor & Francis Group, Boca Raton, FL, pp. 95–110.

[2.4] European Sustainable Phosphorus Platform SCOPE Newsletter. (2015, January).

[2.5] Gogate P. R. and Pandit A. B. (2004). A review of imperative technologies for wastewater treatment I: oxidation technologies at ambient conditions. *Advances in Environmental Research*, **8**, 501–551.

[2.6] Tao G., Kekre K., Zhao W., Lee T. C., Viswanath B. and Seah H. (2005). Membrane bioreactors for water reclamation. *Water Science and Technology*,

51, 431–440.
[2.7] Stasinakis A. S. (2008). Use of selected advanced oxidation processes (AOPs) for wastewater treatment – a mini review. *Global NEST Journal,* **10**, 376–385.
[2.8] Wilsenach J. A., Maurer M., Larsen T. A. and van Loosdrecht, M. C. (2003). From waste treatment to integrated resource management. *Water Science and Technology*, **48**, 1–9.

自我评估练习

S.A. 2.1

如果污水的平均温度升高2℃，那么会对污水处理厂曝气池内微生物的生长产生怎样的影响？这一增长将如何影响耗电量？

S.A. 2.2

帕特雷市的污水处理厂与邻近居民区的污水收集管网连接，可接收原设计能力两倍的污水。然而，该项目的可用地块面积不足以建设曝气池和相关配套设施。请提出解决这个问题的方法。

S.A. 2.3

帕特雷工业区的一个制药企业产生含有不可生物降解化合物的废水。该单位应采取什么处理方法以确保其废水被受纳，并可在工业区集中式污水处理厂进行处理？

S.A. 2.4

请为帕特雷市的污水处理厂和帕特雷工业区产生的污泥提出合理的处理处置方法。

课后活动

Act. 2.1

完成第2章的学习后，参观就近的污水处理厂。请污水处理厂经理指导并介绍与第2章相关的内容（新技术、气候变化、脱氮、磷回收、膜生物反应器、高级氧化工艺、污泥的处理处置）。记录污水处理厂的相关情况，并评估其对新的污水管理和处理方法的适用性。

自我评估练习答案

S.A. 2.1

本书第14-15页描述了微生物生长的温度依赖性。温度的升高影响了氧气在液相中的扩散，而为了满足氧气需求，耗电量会增加。

S.A. 2.2

建议使用本书第 19 页描述的膜生物反应器（MBR）工艺。

S.A. 2.3

由于这类污染物的 BOD 或 COD 较低，而且含有不可生物降解的化合物，因此建议采用物理化学方法对污染物进行预处理。在这种情况下，高级氧化工艺比较合适（本书第 21-22 页）。

S.A. 2.4

帕特雷市的污水处理厂的污泥不含工业污染物，可在晾晒干燥后作为土壤改良剂使用。帕特雷工业区的污泥因含有毒化合物和重金属，可在脱水后焚烧（本书第 22-23 页）。

第3章 生物脱氮除磷及能量回收新工艺

学习目标

本章旨在介绍基于生物过程的城市污水处理厂节能技术。现有基于生物工艺的污水处理厂主要采用活性污泥法去除有机污染物和营养物质。这类污水处理厂对曝气的要求很高,导致能耗很高。近年来,通过回收污水中的能量或通过研发相关工艺,污水处理厂减少了曝气量以实现节能降耗。因此,污水处理具有双重目标,以满足污水出水指标为前提,通过增加污水中的能源回收尽可能实现节能降耗。

本章介绍了污水处理厂的节能问题及现状,以及去除营养物质氮和磷的生物处理方法,并重点介绍了耗氧量较少的方法,如部分硝化或反硝化和厌氧氨氧化等工艺。本章还讨论了这些工艺的缺点,比如,会产生温室气体作为中间代谢化合物,厌氧氨氧化微生物的生长速度慢,等等。此外,曝气装置在节能方面同样重要。第4章会介绍从厌氧消化产生的污泥或污水中回收能源的方法。

预期学习效果

通过本章的学习,读者应该掌握以下内容:
- 了解传统城市污水处理厂同步去除有机物和营养物的基本原理;
- 了解污水处理厂减少曝气的方法,主要关注脱氮工艺,了解该工艺的缺点和可能面临的技术挑战;
- 了解厌氧消化工艺应用于污水处理的不同方法;
- 将能量消耗和经济成本与能源足迹联系起来。

核心概念

减少曝气,去除营养物质,部分硝化或反硝化,厌氧氨氧化,厌氧消化,能量回收。

学习计划

为了更好地理解本章内容,读者还应该了解以下内容:
- 城镇污水的基本物理化学和生物性质是什么?
- 城镇污水处理的需求是什么?
- 传统城镇污水处理有哪些步骤?实施这些步骤的目的是什么?
- 什么是污水处理厂的污泥?常规污水处理厂的污泥处理步骤及其特点

是什么？

"3.1 概述"解释了传统污水处理厂的经济和能源成本是如何与环境足迹关联的，而且介绍了每年每单位人口当量的污水处理成本和能量消耗及可回收的能量。课后活动 3.1 将帮助读者了解什么是环境足迹。

"3.2 生物脱氮除磷工艺"介绍了采用传统方法去除营养物质的生物过程。需要注意的是，在有机物质和营养物质的去除过程中（课后活动 3.2 有助于总结这些过程的原理），曝气是耗电量最高的部分，可以通过改进空气传输和研发曝气需求较少的方法来解决这个问题。之后进一步讨论了第二种方法，介绍了部分硝化或反硝化过程和厌氧氨氧化微生物的使用。课后活动 3.3 帮助读者了解这些工艺的要点。而通过课后活动 3.4，读者可以了解这些替代工艺的使用条件。基于上述替代方案，可通过创新来解决这些技术的负面问题（与温室气体生产有关）。在课后活动 3.5 中，请读者描述 N_2O 的形成方式。

"3.3 厌氧消化工艺"帮助读者了解如何提高污泥厌氧消化的性能，以及如何将其直接应用于污水处理从而减少曝气需求，并产生能源（沼气）。课后活动 3.6 提到了污水处理费用降至最低的可靠方法。本章的自我评估练习旨在让读者熟悉城镇污水处理厂的节能降耗和污水能量回收的基本计算方法。

学习阶段	章节	原著参考文献	自我评估练习或课后活动
第一阶段	3.1	[3.5], [3.7]	Act. 3.1
第二阶段	3.2	[3.1], [3.2], [3.3] [3.4]	Act. 3.2, Act. 3.3 Act. 3.4, Act. 3.5
第三阶段	3.3, 3.4	[3.6], [3.7]	Act. 3.6, S.A. 3.1

原著参考文献

[3.1] Daigger G. T. (2014). Oxygen and carbon requirements for biological nitrogen removal processes accomplishing nitrification, nitritation, and anammox. *Water Environment Research*, **86**(3), 204–209.

[3.2] Desloover J., Vlaeminck S. E., Clauwaert P., Verstraete W. and Boon N. (2012). Strategies to mitigate N_2O emissions from biological nitrogen removal systems. *Current Opinion in Biotechnology*, **23**, 474–482.

[3.3] Gao H., Scherson Y. D. and Wells G. F. (2014). Towards energy neutral wastewater treatment: Methodology and state of the art. *Environmental Sciences: Processes and Impacts*, **16**(6), 1223–1246.

[3.4] Malamis S., Katsou E. and Fatone F. (2015). Integration of energy efficient processes in carbon and nutrient removal from sewage. In: *Sewage Treatment Plants: Economic Evaluation of Innovative Technologies for Energy Efficiency*, K. Stamatelatou and K. Tsagarakis (eds). IWA Publishing, London, pp. 71–91.

[3.5] McCarty P. L., Bae J. and Kim J. (2011). Domestic wastewater treatment as a net energy producer-can this be achieved? *Environmental Science and Technology*, **45**, 7100–7106.

[3.6] Mills N., Pearce P., Farrow J., Thorpe R. B. and Kirkby N. F. (2014). Environmental & economic life cycle assessment of current & future sewage sludge to energy technologies. *Waste Management*, **34**, 185–195.

[3.7] Verstraete W. and Vlaeminck S. E. (2011). Zero wasteWater: short-cycling of wastewater resources for sustainable cities of the future. *International Journal of Sustainable Development & World Ecology*, **18**(3), 253–264.

自我评估练习

S.A. 3.1

塞萨洛尼基市的污水处理厂每天处理污水约 16 万 m^3。根据 2014 年制定的可持续能源战略计划，塞萨洛尼基市污水处理厂的耗电量为每月 1500 MW·h。根据 2016 年的数据，沼气产量为 10 390 m^3/d（含 65% CH_4）。

评估：

1. 每年的耗电量，并将其与文献中的值进行比较；

2. 通过产生沼气可能回收的能量，将其与报告的结论（即沼气可以满足塞萨洛尼基市污水处理厂 15% 的需求）进行比较；

3. 如果使用部分硝化或反硝化方法进行脱氮，那么可节省多少电力。

据估计，希腊人均每日污水产量为 250L，沼气的能量值为 22.400 kJ/m^3（甲烷含量为 65%），沼气转化为电能的效率为 42.78%。

课后活动

Act. 3.1

总结传统污水处理厂环境足迹高的原因。

Act. 3.2

按照正确的顺序设置下列形状，并用箭头连接（见附图 1），说明污水和污泥的流动过程，从而实现有机物和营养物质的去除，并论证该做法是正确的。

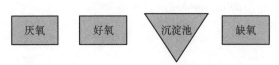

附图 1　污水和污泥流动过程（请用箭头连接）

Act. 3.3

确定以下哪个方程发生在常规脱氮过程（完全硝化或反硝化）、部分硝化或反硝化和厌氧氨氧化过程。

氨 + O_2 → 亚硝酸盐；

氨 + 亚硝酸盐 → N_2 + 硝态氮 + O_2 → 硝酸盐；

硝酸盐 + 有机物 → 硝态氮 + 有机物 → N_2。

Act. 3.4

以下哪个关键词有利于部分硝化或反硝化或厌氧氨氧化以较少的耗氧量去除氮？为什么？

低温（15～20℃），高温（20～30℃），低溶解氧（0.4～1 mg/L），高溶解氧（>1 mg/L），微生物悬浮生长，微生物在生物膜或填料中生长，低碳氮比（0.8～1.6），高浓度游离氨（>1 mg/L）。

Act. 3.5

什么情况会导致 N_2O 形成？

Act. 3.6

总结使城镇污水处理厂运行成本接近零的3个关键点。

自我评估练习答案

S.A. 3.1

1. 年度耗电量：

$$1500\frac{MW \cdot h}{month} \cdot 12\frac{month}{y} = 18\,000\frac{MW \cdot h}{y}$$

人口当量计算公式：

$$\frac{160\,000 m^3}{d} \cdot \frac{PE \cdot d}{250L} \cdot \frac{1000L}{m^3} = 640\,000 PE$$

人均年度耗电量：

$$18\,000\frac{MW \cdot h}{y} \cdot \frac{1}{640\,000 PE} = 0.028\frac{MW \cdot h}{PE \cdot y} = 28\frac{kW \cdot h}{PE \cdot y}$$

计算出的耗电量接近文献中总结的数值（33kW·h/PE/y）。

2. 每天从沼气中产生的最大电量：

$$10\,390\frac{m^3}{d} \cdot 22\,400\frac{kJ}{m^3} \cdot 0.427\,8 = 99\,564\,461\frac{kJ}{d}$$

考虑 $1\ \mathrm{kW\cdot h} = 3600\ \mathrm{J}$，以上能量为：

$$\frac{99\,564\,461}{3600} = 27\,657\ \frac{\mathrm{kW\cdot h}}{\mathrm{d}}$$

每人口当量的最大耗电量：

$$\frac{27\,657}{650\,000}\ \frac{\mathrm{kW\cdot h}}{\mathrm{PEd}} \cdot 365\ \frac{\mathrm{d}}{\mathrm{y}} = 15.53\ \frac{\mathrm{kW\cdot h}}{\mathrm{PEy}}$$

综上所述，在此性能下，热电联产机组连续运行，沼气中产生的能量可抵消很大一部分电力消耗（15.53/28 = 55%）。

3. 50% ～ 70% 的电力用于曝气，假设 60% 为指示值：

$$28\ \frac{\mathrm{kW\cdot h}}{\mathrm{PE\cdot y}} \cdot 0.6 = 16.8\ \frac{\mathrm{kW\cdot h}}{\mathrm{PE\cdot y}}$$

在部分硝化或反硝化过程中，可减少 25% 的曝气需求。考虑到曝气能量相当于供气量，则曝气能量减少 25%，按初始供气能量的 75% 计算：

$$16.8\ \frac{\mathrm{kW\cdot h}}{\mathrm{PE\cdot y}} \cdot 0.75 = 12.6\ \frac{\mathrm{kW\cdot h}}{\mathrm{PE\cdot y}}$$

如果将剩余能量（不是由于曝气产生的）与上述能量相加，则总耗电量：

$$12.6 + 0.4 \cdot 0.28 = 23.8\ \frac{\mathrm{kW\cdot h}}{\mathrm{PE\cdot y}}$$

值得注意的是，电量可以从每人口当量每年 $28\ \mathrm{kW\cdot h}$ 降低为 $23.8\ \mathrm{kW\cdot h}$。

课后活动参考答案

Act. 3.1

环境足迹与温室气体的产生有关。常规污水处理厂的建设和运行会产生下列气体：

- 二氧化碳（CO_2），是化石燃料燃烧产生的 CO_2（而不是通过有机化合物的生物氧化作用产生的 CO_2）。污水处理厂建设和运行（泵运行、曝气等）需要消耗大量的化石燃料。化石燃料还被用于市政污水处理所需的化学物质生产（絮凝剂、聚电解质、氯化合物等），以及污泥处理（机械浓缩池、脱水压榨机等）和运输过程。
- 甲烷（CH_4），是在污泥厌氧消化过程中产生的。在热电联产机组或锅炉中燃烧时，CH_4 不可避免地会泄漏到大气中。此外，当污泥存放在开放的区域时，若污泥没有充分稳定，厌氧条件占上风，则会产

生难以集中收集的 CH_4。
- 氧化亚氮（N_2O），是在氨氮转化为氮气的过程中产生的。该转化发生在一系列的反应中，其中，N_2O 作为中间产物产生，当 N_2O 成为气相状态逃逸时，不会参与后续的转化反应。之后，N_2O 和其他温室气体一起释放到大气中。

Act. 3.2

将形状和箭头放在正确的位置（见附图2），以同步去除有机物和营养物质。

第一阶段，城市污水（经过预处理和一级处理阶段后）先进入生物厌氧阶段。二沉池的部分污泥回流至厌氧池，从好氧环境快速进入厌氧环境。之后进入缺氧和好氧池，再回到好氧环境。基于这种环境的快速变化，研究相关机制，以实现有机物分解的同时实现最佳的能量管理。在厌氧条件下，微生物通过分解聚磷酸盐化合物（聚磷酸盐在污水处理的最后工艺阶段产生，通过回流污泥返回厌氧池）来产生能量，并利用这种能量迅速形成有机化合物链，进一步转变为微生物的"养分"。第二阶段是缺氧阶段，在这个阶段需要通过硝酸盐（扮演 O_2 的角色）去除有机物并将硝酸盐转化为 N_2。同时，氮会在这个阶段去除。需要注意的是，硝酸盐是由氨产生的，不存在于入流污水中。第三阶段以好氧条件为主，污水中的氨被转化为硝酸盐。混合液（含有微生物的污水）从第三阶段回流到第二阶段，硝酸盐离子也同步补充进第二阶段。在好氧阶段，其他过程也会发生：在第一阶段形成的微生物"养分"被转化为更简单的有机物，并与第二阶段留下来的有机物一起被氧化。通过微生物"养分"的转化，微生物在回到第一阶段时需要释放大量的能量。因此，微生物将能量储存在细胞内的聚磷酸盐键中。在第三阶段，有机物的去除已经完成。从二沉池中排出的剩余污泥含有聚磷酸盐化合物，通过这种方式可将磷去除。

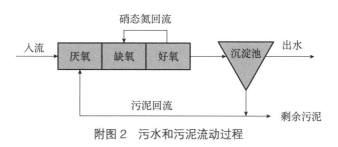

附图2 污水和污泥流动过程

Act. 3.3

厌氧氨氧化过程的两种选择取决于亚硝酸盐的产生方式：抑制亚硝酸盐进一步转化为硝酸盐（第一种组合），或者允许反应发生在部分反硝化阶段（第二种组合）。

厌氧过程	常规脱氮	部分硝化或反硝化	厌氧氨氧化（第一种组合）	厌氧氨氧化（第二种组合）
氨 + O_2 → 亚硝酸盐	✓	✓	✓	✓
氨 + 亚硝酸盐 → N_2 + 硝酸盐	✗	✗	✓	✓
亚硝酸盐 + O_2 → 硝酸盐	✓	✗	✗	✓
硝酸盐 + 有机物 → 亚硝酸盐	✓	✓	✗	✓
亚硝酸盐 + 有机物 → N_2	✓	✓	✗	✗

Act. 3.4

在部分硝化或反硝化过程中，高温（20 ~ 30℃）和低溶解氧（0.4 ~ 1 mg/L）有利于将氨氮氧化为亚硝酸盐的细菌（铵氧化菌，AOB），从而对抗将亚硝酸盐还原为硝酸盐的细菌（亚硝酸盐氧化细菌，NOB），这样会导致亚硝酸盐累积（用于后续的反硝化过程）。高浓度游离氨（> 1 mg/L）抑制 NOB，从而有利于亚硝酸盐累积。

对于厌氧氨氧化菌，高温（20 ~ 30℃）有利于其生长，而其他厌氧氨氧化菌生长速度较慢。此外，低溶解氧（0.4 ~ 1 mg/L）适合 AOB（需给厌氧氨氧化菌"提供"必要的亚硝酸盐）与厌氧氨氧化菌共存。然而，最合适的条件是微生物在生物膜或填料中生长，从而使不同耐氧性的微生物适当分层：与氧接触的外层为需氧 AOB；内层由厌氧氨氧化过程的厌氧细菌形成。若产甲烷菌占优势，则硝酸盐会转化为氨。从热力学角度看，较低的碳氮比（0.8 ~ 1.6）也有利于厌氧氨氧化过程。

Act. 3.5

遗憾的是，部分硝化或反硝化和厌氧氨氧化的有利条件（AOB 占主导的硝化阶段的不平衡和低碳氮比）会导致 N_2O 形成。但是，N_2O 形成后不一定会完全排入大气中，因其与气体扩散、混合、通风和表面气流等因素有关。

Act. 3.6

（1）提高城市污水的沼气产量（可通过大幅提高一级处理阶段的有机物的预浓缩或者获得 CH_4 产量高的初沉污泥实现。CH_4 产量高的污泥可通过高食微比（F/M）条件下的运行获得——与延时曝气条件下的情况相反）。

（2）为了将氧气的使用限制在必要的水平（在厌氧消化无法产生所需的污水水质时），结合出水水质的要求，将厌氧和好氧工艺结合使用。

（3）对污水处理厂生产的（或可以生产的）所有产品进行定价，例如，再生水、可回收的营养物质和从固体沼液中提取的生物炭土等。此外，可通过热泵对污水的热量进行回收。

第4章 污水和污泥的资源能源化再生利用及环境影响控制

学习目标

本章旨在介绍水质对灌溉的影响和生物固体（污泥）特性对土壤性质的影响，同时通过对废弃物再生利用以实现能源再生的案例，描述能量在厌氧消化的不同阶段产生的过程。

预期学习效果

通过本章的学习，读者应该掌握以下内容：

- 生物固体的资源化利用；
- 将污泥转化为沼气的具体步骤。

核心概念

再利用，沼气，甲烷，酸化过程，水解过程，产甲烷阶段。

学习计划

学习阶段	章节	原著参考文献	自我评估练习或课后活动
第一阶段	4.1—4.4	[4.1], [4.2], [4.3], [4.5]	S.A. 4.1, S.A. 4.2
第二阶段	4.5—4.7	[4.4]	S.A. 4.3

原著参考文献

[4.1] Pleissner D. (2018). Recycling and reuse of food waste. *Current Opinion in Green and Sustainable Chemistry*, **13**, 30–43.

[4.2] Deng L., Liu Y., Zheng D., Wang L. and Long Y. (2017). Application and development of biogas technology for the treatment of waste in China. *Renewable and Sustainable Energy Reviews*, **70**, 845–851.

[4.3] Anyaoku C. C. and Baroutian S. (2018). Decentralized anaerobic digestion systems for increased utilization of biogas from municipal solid waste. *Renewable and Sustainable Energy Reviews*, **90**, 982–991.

[4.4] Qin Y., Wu J., Xiao B., Hojo T. and Li Y. Y. (2018). Biogas recovery from two-phase anaerobic digestion of food waste and paper waste: Optimization of paperwaste addition. *Science of The Total Environment*, **634**, 1222–1230.

[4.5] Li N., Han R. and Lu X. (2018). Bibliometric analysis of research trends on solid waste reuse and recycling during 1992–2016. *Resources, Conservation and Recycling*, **130**, 109–117.

自我评估练习

S.A. 4.1

什么是生物固体再生利用及资源化利用技术？

S.A. 4.2

请简要描述污泥转化为沼气的主要阶段或过程（利用数学公式）。

S.A. 4.3

反应器内产生的混合气体中的甲烷的含量大概是多少？产生气体的相对质量大概是多少？

课后活动

Act. 4.1

读者应了解固体浓度（COD）、TSS、温度、停留时间和其他表征废弃物典型参数的解析方程，并思考如何优化步骤以得到上述答案。这对整个处理系统的理解有一定帮助。

自我评估练习答案

S.A. 4.1

沼气可作为能源来利用，并可以用沼气搅拌将厌氧反应器内的物料混匀，同时厌氧产沼气过程产生的生物固体可作为肥料或者堆肥原料进行再生利用。

S.A. 4.2

详见本书第 44 页。

S.A. 4.3

详见本书第 46 页。

课后活动参考答案

Act. 4.1

详见本书第 46 页。

第 5 章 利用人工湿地系统去除药品和个人护理产品的污水处理及管理

学习目标

本章旨在了解利用不同类型的人工湿地将新兴污染物（主要为个人护理产品中的药物化合物和活性成分）从污水中去除的相关研究。本章重点介绍了污水中常出现的药品化合物，影响人工湿地系统去除 PPCPs 效果的因素，这个领域目前的主要研究瓶颈，以及未来应探索的方向。

本章首先介绍了污水处理厂的节能问题及现状，去除营养物质氮和磷的生物处理方法，并重点介绍了曝气量较少的方法，如部分硝化或反硝化和厌氧氨氧化等工艺。其次讨论了这些工艺的缺点，如产生温室气体作为中间代谢化合物和厌氧氨氧化微生物的生长速度较慢的问题。同时说明了曝气装置在节能方面也很重要。最后介绍了从厌氧消化产生的污泥或污水中回收能源的方法。

预期学习效果

通过本章的学习，读者应该掌握以下内容：

- 了解各种类型的人工湿地系统；
- 确定人工湿地系统优化参数；
- 描述人工湿地系统去除 PPCPs 的机制；
- 评价影响人工湿地系统去除 PPCPs 效果的参数。

核心概念

新型污染物，地表径流，去除率，垂直流系统，水平流系统，人工湿地，水力停留时间，潜流，药品和个人护理产品，PPCPs。

学习计划

为了更好地理解本章内容，建议按照以下阶段进行学习。

学习阶段	章节	原著参考文献	自我评估练习
第一阶段	5.1	[5.1]，[5.2]	S.A. 5.1
第二阶段	5.2	[5.3]，[5.4]，[5.5]	S.A. 5.2
第三阶段	5.3, 5.4, 5.5	[5.1]，[5.6]，[5.7]，[5.8]	S.A. 5.3，S.A. 5.4

原著参考文献

本章关于各个主题的更多信息可以在以下资源中找到。

[5.1] Agüera A. and Lambropoulou, D (2016). New challenges for the analytical evaluation of reclaimed water and reuse applications. In: Handbook of Environmental Chemistry, D. Fatta-Kassinos, D. D. Dionysiou and K. Kümmerer (eds). Springer International Publishing, Switzerland, pp. 7–47.

[5.2] García J., Rousseau D. P. L., Morató J., Lesage E., Matamoros V. and Bayona J. M. (2010). Contaminant removal processes in subsurface-flow constructed wetlands: a review. *Critical Reviews Environmental Science and Technology,* **40**, 561–661.

[5.3] Vymazal J. (2014). Constructed wetlands for treatment of industrial wastewaters: A review. *Ecological Engineering* **73**, 724–751.

[5.4] Wu H., Zhang J., Ngo H. H., Guo W., Hu Z., Liang S., Fan J. and Liu H. (2015). A review on the sustainability of constructed wetlands for wastewater treatment: Design and operation. *Bioresource Technology,* **175**, 594–601.

[5.5] Zhang D. Q., Jinadasa K. B. S. N., Gersberg R. M., Liu Y., Ng W. J. and Tan S. K. (2014). Application of constructed wetlands for wastewater treatment in developing countries – A review of recent developments (2000–2013). *Journal of Environmental Management,* **141**, 116–131.

[5.6] Verlicchi P. and Zambello E. (2014). How efficient are constructed wetlands in removing pharmaceuticals from untreated and treated urban wastewaters? A review. *Science of the Total Environment,* **470–471**, 1281–1306.

[5.7] Valipour A. and Ahn Y. H. (2016). Constructed wetlands as sustainable ecotechnologies in decentralization practices: a review. *Environmental Science and Pollution Research,* **23**, 180–197.

[5.8] Li Y., Zhu G., Ng W. J. and Tan S. K. (2014). A review on removing pharmaceutical contaminants from wastewater by constructed wetlands: design, performance and mechanism. *Science of the Total Environment,* **468–469**, 908–932.

自我评估练习

S.A. 5.1

列出主要的新型污染物类别。

S.A. 5.2

列出典型的人工湿地类型。

S.A. 5.3

描述人工湿地系统去除 PPCPs 的机制。

S.A. 5.4

描述影响人工湿地系统去除 PPCPs 效果的因素。

自我评估练习答案

S.A. 5.1

见章节 5.1,原著参考文献 [1],[2]。

S.A. 5.2

见章节 5.2,原著参考文献 [3],[4]。

S.A. 5.3

见章节 5.3,原著参考文献 [1],[6],[7],[8]。

S.A. 5.4

见章节 5.4,原著参考文献 [1],[6],[7],[8]。

第6章　污水和污泥在农业利用过程中的重金属交互作用

学习目标

本章的主题是"重金属、宏量元素、微量元素与土壤物理化学和生物性质之间的相互作用"，其主旨是强调相互作用的重要性。这种相互作用不仅是土壤和植物之间的化学作用，还有很多别的相互作用。

预期学习效果

通过本章的学习，读者应该掌握以下内容：

- 了解土壤、植物在一般农业生态环境中发生的相互作用；
- 了解相互作用的重要性及其在土壤肥力和生产力中的作用；
- 掌握相关研究和设计要点：重金属、宏量元素、微量元素与土壤物理化学性质之间的相互作用；计算植物的不同成分与土壤中的重金属、宏量元素、微量元素之间的相互作用；
- 以金属与土壤的相互作用为例，理解相互作用的底层含义，并辩证地理解相互作用没有绝对的好坏。例如，若重金属和营养元素之间的相互作用是协同的，则它们对土壤或植物有积极的贡献，可为植物提供宏量元素或微量元素。相反，如果重金属和营养物质之间的相互作用是拮抗的，则会减少植物中的宏量元素或微量元素，并可能导致植物缺乏营养；
- 计算和量化元素对相互作用的贡献，从而全面地了解元素对协同作用和拮抗作用的实际贡献。

核心概念

相互作用，协同作用，拮抗作用或竞争作用，益处，重金属，宏量元素，微量元素，处理过的市政污水，生物固体，相互作用的贡献。

学习计划

研究"土壤、植物及其各组织中发生的相互作用"，即在使用处理过的污水和生物固体后，其包含的重金属、宏量元素、微量元素和土壤之间的物理化学相互作用。重点学习处理过的污水与植物之间的相互作用。完成自我评估练习 S.A.6.1，学习原著参考文献 [6.1] 和 [6.2] 以加深理解。

研究"土壤和植物相互作用中营养元素所起作用的重要性，以及重金属和营养元素相互作用的量化"，以便更好地了解土壤-植物系统中相互作用的实质性因素。强调相互作用的重要性，以及正确管理营养元素摄入量的必要性，以便更好地利用元素相互作用的有益部分。完成自我评估练习 S.A.5.2，学习原著参考文献 [6.3]，[6.5]，[6.7]。

研究"土壤和植物相互作用的负面影响及其与土壤污染的关系"。此外，关注影响相互作用的因素和重金属对土壤的污染。完成自我评估练习 S.A.5.3，学习原著参考文献 [6.4] 和 [6.8]。

研究人类日常生活中的互动，特别是人与人的相互作用，以及人与环境的相互作用。完成自我评估练习 S.A.5.4，学习原著参考文献 [6.6]。

学习阶段	章节	原著参考文献	自我评估练习
第一阶段	6.1, 6.2, 6.3, 6.3.1	[6.1], [6.2]	S.A. 6.1
第二阶段	6.3.2, 6.3.3	[6.3], [6.5], [6.7]	S.A. 6.2
第三阶段	6.3.4	[6.4], [6.8]	S.A. 6.3
第四阶段	6.4	[6.6]	S.A. 6.4

原著参考文献

[6.1] Kalavrouziotis I. K. and Koukoulakis P. H. (2012). Elemental contribution of interactions in total essential nutrients and heavy metals in cabbage under treated wastewater. *Plant Biosystems*, **146**(3), 491–499.

[6.2] Kalavrouziotis I. K. (2011). Basic principles of treated wastewater reuse planning in ecologically sensitive areas. *Water Air and Soil Pollution,* **22**(1), 159–168.

[6.3] Papaioannou D., Kalavrouziotis I., Koukoulakis P. and Papadopoulos F. (2015). A proposed method for the assessment of the interactive heavy metal accumulation in soils. *Global Nest Journal,* **17**(4), 835–846.

[6.4] Papaioannou D., Kalavrouziotis I., Koukoulakis P. H. and Papadopoulos F. (2017). Critical ranges of pollution indices: a tool for predicting soil metal pollution under long-term wastewater reuse. *Toxicological and Environmental Chemistry,* **99**(2), 197–208.

[6.5] Kalavrouziotis I. K. and Koukoulakis P. (2016). Wastewater and sludge reuse management in agriculture. *International Journal of Environmental Quality,* **20**, 1–13.

[6.6] Keniger L. E., Gaston K. J., Irvine K. N. and Fuller R. A. (2013). What are the benefits of interacting with nature? *International Journal of Environmental Research and Public Health,* **10**(3), 913–935.

[6.7] Koukoulakis P., Chatzissavvidis C., Papadopoulos A. and Pontikis D. (2013).

Interactions between leaf micronutrients and soil properties in pistachio (Pistachio vera L.) orchards. *Acta Botanica Croatica*, **72**(2), 295–310.

[6.8] Kalavrouziotis I. K., Koukoulakis P. H., Ntzala G. and Papadopoulos A. H. (2012). Proposed indices for assessing soil pollution under the application of sludge. *Water, Air, & Soil Pollution* **223**(8), 5189–5196.

自我评估练习

S.A.6.1
重金属、宏量元素、微量元素如何影响土壤的物理化学性质？

原著参考文献 [6.1]，[6.2]，[6.3]。

S.A.6.2
量化营养元素对土壤和植物间相互作用的贡献。

相互作用可以产生积极的影响，也可以产生消极的影响，这取决于协同作用的类型。元素对相互作用的贡献是通过协同作用实现的。拮抗作用是通过将营养物质转化为植物生长不需要的成分来减少其对营养物质的吸收。拮抗作用可以量化，相关过程在自我评估练习答案中给出。

原著参考文献 [6.1]，[6.3]，[6.7]。

S.A.6.3
请描述土壤重金属污染和污染物的相互作用，通过污染指标预测受污染的程度。

考虑在处理过的污水和生物固体长期重复使用的情况下，重金属对土壤的污染，并通过污染指数预测土壤污染程度。

原著参考文献 [6.8]。

S.A.6.4
分析人与环境的相互作用，并着重分析其促进作用。这种关系可能具有竞争性，请简要解释并举例说明。

学生之间的互动是否有助于提高他们在课堂上的表现？换句话说，是否有助于提高学生的社交能力？请简要解释。

思考通常情况下人与环境和人与其他人之间的关系，并分析由协同作用或拮抗作用引起的好处和坏处。

原著参考文献 [6.6]。

污水及污泥管理（第2版）
Wastewater and Biosolids Management (Second Edition)

自我评估练习答案

S.A.6.1

相互作用对土壤的影响确实很大，这种影响可以是积极的，也可以是消极的。这取决于相互作用因素之间的协同作用水平。如果相互作用是协同作用，则它们可以通过提供植物可利用的营养物，对改善土壤肥力作出重大贡献。例如，如果P元素和Zn元素的相互作用具有一定的竞争性，那么意味着增加P元素的浓度可以显著地降低植物中导致微量营养缺乏的Zn元素浓度。相反，如果P元素和N元素的相互作用是协同的，那么意味着增加P元素的浓度可以使植物获得更多的N元素。然而，有的相互作用是拮抗的。例如，Cd元素和K元素，Cd元素的竞争作用导致植物体内K元素浓度可能降低到影响植物生存的程度，而Cd元素浓度的增加可能会使植物中毒。如果两种重金属发生竞争性反应，例如，Pb元素与Cd元素，随着Pb元素浓度的增加，Cd元素浓度会降低，但Pb元素浓度过高同样会对植物产生不利影响。当重金属之间有协同作用时，情况会更糟，因为两种相关金属的浓度都会增加。从这个意义上讲，相互作用可能会对土壤肥力产生积极的和消极的影响，这就是相互作用的重要性所在。值得强调的是，除重金属外，有毒有机物质，如药品、个人护理产品、杀虫剂、微塑料和外源化合物等成分在农业生产中应谨慎使用，因为它们可以通过植物进入食物链，威胁人类健康，导致人类患上严重的疾病。因此，要实现处理过的污水和生物固体的安全再利用这个目标，需要开展更多的研究，重新考虑现有的法规和制度，并根据最新研究数据制定新的规则，以实现在新科学发现和新数据基础上的安全再利用。我们应努力减少重复使用的弊端并增加其益处。只有这样，我们才能实现农业应用的安全性。

S.A.6.2

如何实质性量化相互作用？这个问题只有通过开展实验探索方可得到答案。在实验中，用处理过的污水灌溉植物，并收集植物和土壤的相关分析数据，并据此量化金属和营养元素之间相互作用的主要贡献。这个过程有些复杂，但具有真实性和可重复性。实验结果量化了营养元素和重金属的相互作用，并提供了清晰的图片。值得一提的是，实验证明这种贡献可能是积极的，也可能是消极的。

影响相互作用的因素为pH值、有机质、土壤矿物（主要是黏土）、重金属浓度、宏量元素、微量元素、植物基因类型、金属吸附或解吸附、铁氧化物和锰氧化物，以及氧化还原电位。

S.A.6.3

连读多年施用处理过的污水和生物固体可能会导致土壤中重金属累积，从而造成土壤污染。此外，由于协同作用只涉及重金属元素、金属元素和营养元素，因此土壤中的盐分会增加，从而导致土壤被缓慢污染。这可以通过量化重金属相互作用的贡献来理解。

采用处理过的污水灌溉作物或施用生物固体时，可以使用污染指数和相关软件评估土壤受污染的程度，并采取必要措施防止土壤污染。

S.A.6.4

人类与环境的关系一直是密切的，但并不总是协同的，相反，近年来一直是对立的。人类以牺牲环境为代价的掠夺行为是竞争作用的必然结果。伴随着人类活动对环境的破坏（人为火灾，对森林、牧场的过度开发，大量的工程建设等），环境发生严重退化，并造成洪水、滑坡等破坏性影响。

在工业革命之前，人类与环境的相互作用确实是协同的。然而，工业革命之后，两者的相互作用发生了翻天覆地的变化。在过去几年中，人们试图通过制定相关法律和国际公约等方法来保护环境，目的是使这种关系协同增效。最近 30 年，人们开始意识到竞争行为对环境的危害，并认识到人与自然之间的相互作用可以产生积极的和消极的影响。

积极影响所产生的相互作用是互惠的。这也是为什么在世界范围内培养环境意识是一件缓慢但一直在稳步推进，并且已经取得一定成效的事情。

以学生之间的相互作用为例，当他们协作时，可以使彼此更好地表现和进步。类似的相互作用不仅发生在人与人之间，还发生在土壤中的金属元素和生物、非生物因素之间。

学生可以从协同作用中获得的好处为：积极的协同互动可以创造一种和平的、相互理解的、富有情感的、心理平衡的、学习效率高的氛围；在遇到困难的时候，同学之间可以合作和交换意见，交流知识，相互支持；在学生之间创造信任的氛围，从而更好地解决学生生活中出现的问题。

第7章 处理过的污水和污泥中的微塑料和合成纤维

学习目标

本章旨在介绍微塑料和合成纤维的含义,并强调污水处理厂(WWTP)是水环境中微塑料的主要来源之一,而且详细地介绍了污水处理厂收集和去除固体污染物的步骤。此外,本章还讨论了微塑料对污水处理厂的影响及存在的问题,以及目前的最佳处理技术。同时研究了污水处理厂是微塑料主要来源的可能性。

预期学习效果

通过本章的学习,读者应该掌握以下内容:
- 理解微塑料(初级和次级)和合成纤维的定义;
- 描述污水处理厂去除固体污染物的步骤;
- 阐述污水中的微塑料问题;
- 解释为什么污水处理厂可能是微塑料的主要来源。

核心概念

微塑料,合成纤维,污染,筛分,生物填料,海洋污染。

学习计划

首先,了解微塑料和合成纤维的定义(章节 7.1 和 7.2)。其次,研究其在污水处理厂中的存在,并关注固体污染物去除的步骤(章节 7.3)。随后,进一步开展关于相关影响、案例和措施方面的研究(章节 7.4—7.6)。最后,研究污水处理厂作为环境中微塑料的主要来源的可能性(章节 7.7 和 7.8)。

在学习本书的同时,建议搜索发表在国际科学期刊的原著参考文献,以获取更多知识。

完成自我评估练习或课后活动。建议按以下学习计划表学习。

学习阶段	章节	原著参考文献	自我评估练习或课后活动
第一阶段	7.1,7.2	[7.1],[7.2]	S.A. 7.1
第二阶段	7.3	[7.3],[7.4]	Act 7.1
第三阶段	7.4,7.5,7.6	[7.4],[7.2],[7.5]	S.A. 7.2, Act 7.2
第四阶段	7.7,7.8	[7.6],[7.7]	S.A. 7.3

原著参考文献

[7.1] GESAMP (2015). *Sources, fate and effects of microplastics in the marine environment: a global assessment*. IMO, London.

[7.2] Karapanagioti H. K. (2012). Floating plastics, plastic pellets and plastic fibers and toxic organic micropollutants in the Mediterranean Sea. In Life in the Mediterranean Sea: A Look at Habitat Changes, N. Stambler (ed.), Nova Science Publishers, New York, pp. 543–555.

[7.3] Tchobanoglous G. and Burton F. L. (1979). Wastewater Engineering: Treatment, Disposal, and Reuse. McGraw-Hill, New York.

[7.4] Carr S. A., Liu J. and Tesoro A. G. (2016). Transport and fate of microplastic particles in wastewater treatment plants. *Water Research*, **91**, 174–182.

[7.5] Mourgkogiannis N., Kalavrouziotis I. K. and Karapanagioti H. K. (2018). Questionnaire-based survey to managers of 101 wastewater treatment plants in Greece confirms their potential as plastic marine litter sources. *Marine Pollution Bulletin*, **133**, 822–827.

[7.6] Sfaelou S., Papadimitriou C. A., Manariotis I. D., Rouse J. D., Vakros J. and Karapanagioti H. K. (2016). Treatment of low-strength municipal wastewater containing phenanthrene using activated sludge and biofilm process. *Desalination and Water Treatment*, **57**, 12047–12057.

[7.7] Sfaelou S., Karapanagioti H. K. and Vakros J. (2015) Studying the formation of biofilms on supports with different polarity and their efficiency to treat wastewater. *Journal of Chemistry*, **2015**.

自我评估练习

S.A.7.1

假设在某种条件下，一块微塑料会碎裂成大小相同的纳米塑料颗粒，那么一块 5 mm × 5 mm × 0.3 mm 的微塑料可以产生多少纳米塑料颗粒（100 nm × 100 nm × 100 nm）？每一块有多少表面积？所有纳米塑料的表面积共多少？

纳米塑料是指尺寸小于 1100 nm^3 的塑料颗粒。

S.A.7.2

假设在污水处理厂的入口处，每升污水中含有 5 个微塑料，在污水处理厂中，微塑料去除率高达 99%，那么污水量为 1000 m^3/d 时，计算该污水处理厂服务的人口当量，以及在 1 d 和 1 年（365 d）内从该污水处理厂排入环境的微塑料量。

S.A.7.3

假设平均水力停留时间为 1 d，且 40% 的池容被塑料填料填充，安全系数取 1.3，那么处理量为 1000 m^3/d 的污水处理厂需要多少块直径为 1cm、高度为 5mm 的塑料生物填料？

课后活动

Act 7.1

参观您所在区域的污水处理厂,从预处理阶段的格栅上方开口处观察拦截的固体污染物,观察污水处理厂的各个池体中是否存在塑料,以及固液分离工艺段的运行状况,并观察是否有微塑料与污水处理厂出水一同排出。您发现的塑料是什么?提出相应措施以提高管理此类废弃物的效率。

Act 7.2

参观污水处理厂出水的海滩或其他受纳水体,寻找塑料制品,找出哪些可能来自污水处理厂?

自我评估练习答案

S.A.7.1

原始微塑料可分为 $5/0.0001 \times 5/0.0001 \times 0.3 \times 0.0001 = 50\,000 \times 50\,000 \times 3000 = 7.5 \times 10^{12}$ 纳米塑料颗粒。

长方体的原始粒子的表面积为:

$S = 2(ab + ac + bc)$,其中,$a = 5.0$ mm, $b = 5.0$ mm, $c = 0.3$ mm;

$S = 2(5.0 \times 5.0 + 5.0 \times 0.3 + 5.0 \times 0.3) = 56.0$ mm²。

每个纳米塑料立方体的表面积计算如下:

$S = 6a^2$,$a = 100$ nm;

$S = 6 \times 0.0001^2 = 6 \times 10^{-8}$ mm²。

所有纳米塑料加在一起的表面积为:

$7.5 \times 10.0^{12} \times 6.0 \times 10.0^{-8} = 450.000$ mm²。

将微塑料分解为成千上万纳米塑料的总表面积增长了 4 个数量级。

S.A.7.2

假设人口用水定额为 200L/ 人 / d,那么 1000m³/ d 相当于 5000 个居民的用水量。

污水处理厂每天每升水流失的微塑料量为 0.01 × 5.00=0.05 个微塑料 /L,污水处理厂每天流失的微塑料总量为 0.05 × 1000.00 m³/d=0.05 × 1 000 000 L/d=50 000 个微塑料 /d,污水处理厂每年流失的微塑料总量为 50 000 × 365d/a=18 000 000 微塑料 /a。

换句话说,一个服务人口当量为 5000 人的小型污水处理厂,尽管能够去除 99% 的微塑料，但每年仍会往水环境中释放 1800 万个微塑料。

S.A.7.3

池容（V）等于流量（Q）乘以停留时间（q）：

$V=Q \times q= 1000 \text{ m}^3/\text{d} \times 1 \text{ d}=1000 \text{ m}^3$。

考虑到 1.3 的安全系数，最终计算出的体积应为 1300m³。

每个塑料填料的体积可通过以下公式计算：

$V=\pi r^2 h=（0.01/2）\times 2^2 \times 0.005=3.9 \times 10^{-7} \text{m}^3$。（$h$ 为 height 的缩写，代表重量）

由于 40% 的池容被塑料填料填充，因此微塑料的总体积为 $1300 \times 0.4=520 \text{ m}^3$。

塑料填料的数量为 $520/3.9 \times 10^{-7} = 1.3 \times 10^9$ 个。

服务人口当量为 5000 人的污水处理厂的填料反应池中，假设填料填充度为 40%，那么塑料填料大约有 1 万亿个。

课后活动参考答案

Act 7.1

第 7 章讲解了污水处理厂发现塑料的阶段，还描述了污水处理厂中最常见的塑料。

Act 7.2

附近海滩上发现的棉棒和塑料（见附图 3 和附图 4）。

附图 3　海滩上发现的棉棒　　附图 4　鹅卵石上发现的污水处理厂的生物膜填料

第8章 污水回用：作物对新兴污染物的吸收

学习目标

目前，人们非常关注土壤和植物环境的新兴污染物。由此，有必要研究新兴污染物的基本物理化学性质，以控制因摄入和食用受新兴污染物污染的蔬菜带来的风险。

预期学习效果

通过本章的学习，读者应该掌握以下内容：

- 如何找到植物生物累积潜力高的污染物；
- 传染性物质摄入的敏感土壤；
- 累积潜力高的作物；
- 经常使用的对再生水灌溉蔬菜进行风险评估的方法。

核心概念

新兴污染物，土壤性质，作物吸收，代谢，累积，暴露，风险评估。

学习计划

读者应熟悉如何使用美国EPA的EPI软件包评估污染物的物理化学性质。有机污染物的毒性预测可从EFSA获得。

自我评估练习可使用上述软件计算卡马西平和三氯卡班的物理化学性质，并将获得的值与原著参考文献进行比较。

学习阶段	章节	原著参考文献	自我评估练习或课后活动
第一阶段	8.1—8.3	—	S.A.8.2，Act.8.1
第二阶段	8.4	—	S.A.8.1, S.A.8.3, Act.8.2, Act.8.3
第四阶段	8.5—8.7	—	S.A.8.4

原著参考文献

建议搜索公开发表过的文章或出版过的专著以获取更多信息。

自我评估练习

S.A.8.1

疏水性有机污染物可通过植物根部进入（$\log K_{\mathrm{OW}} > 4$）。它们能被输送到植物的地上部分吗?

S.A.8.2

灌溉水中的污染物浓度低于土壤中的污染物浓度,这是否能说明水培比土培更安全?

S.A.8.3

有机污染物能被植物代谢吗?如果答案是肯定的,会发生什么样的反应?

S.A.8.4

"农作物可食用部分中的有机污染物从来不会对人类健康构成重大威胁,因为它们的浓度很低。"你认为这种说法正确吗?

课后活动

Act.8.1

使用 EPI 或相关软件评估卡马西平(CBZ)、布洛芬(IBU)和 17α-乙炔基雌二醇(EE2)的疏水性($\log K_{ow}$)和 pK_a 值。

Act.8.2

如果土壤呈酸性(pH=5),上述三种化合物主要以什么形式存在?

Act.8.3

如果土壤呈碱性(pH=8),上述三种化合物主要以什么形式存在?

自我评估练习答案

S.A.8.1

不能。疏水性有机污染物可以吸附在根部表面,但不能被输送,因为它们无法穿过细胞膜的脂质层。

S.A.8.2

不能。尽管水中的有机污染物的浓度低于土壤,但由于土壤的有机质和矿物表面存在活性官能团,土壤对有机污染物具有很强的吸附能力,因此土培植物的有机污染物生物利用率比水培植物的更低。

S.A.8.3

能,大多数有机污染物可以被植物代谢,至少会代谢一部分。第一阶段,有机污染物被氧化为羟基、羧基或亚硝基。第二阶段,形成糖共轭的氨基酸和小肽段。第三阶段,它们被维持在细胞液泡或细胞壁中。

S.A.8.4

错误。虽然植物可食用部分的有机污染物浓度通常较低,但由于土壤或灌溉水中有许多有机化合物和金属,因此污染物的总体毒性高于单一化合物的毒性。此外,某些代谢产物可能比初始化合物毒性更强。

课后活动参考答案

Act.8.1

指示值(根据运用软件不同,其结果可能略有不同):

$\log K_{ow}$ CBZ=2.45,$\log K_{ow}$ IBU=3.9,$\log K_{ow}$ EE2=4.7 中性。pK_a CBZ=2.45[+/0],pK_a IBU=4.3[0/−],pK_a-EE2=10.3[+/0]。其中,[+] 表示正电荷,[0] 表示中性电荷,[−] 表示负电荷。

Act.8.2

在 pH 值为 5 的情况下,除布洛芬外,所有化合物的主要形式均为中性,布洛芬在平衡状态下同时存在中性电荷和负电荷两种形式。

Act.8.3

pH 值为碱性的情况下,布洛芬为负电荷,卡马西平和 17α- 乙炔基雌二醇为中性电荷。

第 9 章 污泥堆肥与土地利用

学习目标

本章将各个国家对生物固体的定义和产量进行了对比，集中讨论了欧洲在生物固体方面的指导政策或法令及推荐的处理技术。此外，本章还介绍了生物固体评估的参数，以及这些参数对后期处置或利用的影响，特别是对堆肥的影响。

预期学习效果

通过本章的学习，读者应该掌握以下内容：
- 理解生物固体的含义；
- 了解什么是堆肥；
- 评价生物固体的物理化学性质参数；
- 认识生物固体基本的资源化应用途径。

核心概念

生物固体，市政污泥，堆肥，重金属。

学习计划

学习阶段	章节	原著参考文献	自我评估练习
第一阶段	9.1—9.4	[9.1], [9.2], [9.3]	S.A. 9.1, S.A. 9.2, S.A. 9.3
第二阶段	9.5—9.7	[9.4], [9.5], [9.6], [9.7],[9.8]	S.A. 9.4, S.A. 9.5

原著参考文献

[9.1] Commission of the European Communities (1986, July 7). Council directive (86/278/EEC) on the protection of the environment, and in particular of the soil, when sewage sludge is used in agriculture. *Official Journal of the European Communities*, pp. 6–12.

[9.2] Council of the European Communities (1991, December 112). Council directive of 12 December 1991 concerning the protection of waters against pollution caused by nitrates from agricultural sources (91/676/ EEC). *Official Journal of the European Communities*, pp. 1–8.

[9.3] Zorpas A. A., Inglezakis V. and Voukkali I. (2012). Impact assessment from sewage sludge. In: Sewage Sludge Management; From the Past to our Century, A. A. Zorpas and J. V. Inglezakis (eds). Nova Science Publishers Inc., New York, USA, pp. 327–363.

[9.4] Zorpas A. A. (2014). Recycle and reuse of natural zeolites from composting process: A 7 years project. *Desalination and Water Treatment*, **52**, 6847–6857.
[9.5] Zorpas A. A., Vlyssides A. G. and Loizidou M. (1998). Physical and chemical characterization of anaerobically stabilized primary sewage sludge. *Fresenius Environmental Bulletin*, **7**(7), 502–508.
[9.6] Zorpas A. A., Vlyssides A. G. and Loizidou M. (1999). Dewatered anaerobically-stabilized primary sewage sludge composting: Metal leachability and uptake by natural Clinoptilolite. *Communications in Soil Science and Plant Analysis*, **30**(11–12), 1603–1613.
[9.7] Zorpas A. A., Constantinides T., Vlyssides A. G., Haralambous I. and Loizidou M. (2000). Heavy metal uptake by natural zeolite and metals partitioning in sewage sludge compost. *Bioresource Technology*, **72**(2), 113–119.
[9.8] Zorpas A. A., Vlyssides A. G., Zorpas G. A., Karlis P. K. and Arapoglou D. (2001). Impact of thermal treatment on metal in sewage sludge from the Psittalias wastewater treatment plant, Athens, Greece. *Journal of Hazardous Materials*, **82**(3), 291–298.

自我评估练习

S.A. 9.1

欧洲在生物固体处理处置方面出台过哪些政策或法令？

S.A. 9.2

生物固体最终处置前，有哪些需要确定的基本物理化学性质？

S.A. 9.3

生物固体的利用途径有哪些？

S.A. 9.4

使用生物固体会带来哪些影响？

S.A. 9.5

堆肥的用途是什么？

自我评估练习答案

S.A. 9.1

详见本书第 105 ~ 107 页。

S.A. 9.2

详见本书第 107 ~ 108 页。

S.A. 9.3

详见本书第 108 ~ 112 页。

S.A. 9.4

详见本书第 113～114 页。

S.A. 9.5

详见本书第 112～113 页。

第10章 市政污泥的厌氧消化及能量回收

学习目标

本章对厌氧消化处理初沉污泥和生物污泥的方法进行了研究。这种处理方式能够实现污泥减量，提高沼气回收利用率。由于两种污泥的特性不同，因此沼气产率和厌氧消化效果可能存在很大差异。

预期学习效果

通过本章的学习，读者应该掌握以下内容：

- 理解初沉污泥和生物污泥的沼气产量和固体减量率；
- 了解什么是堆肥；
- 了解污泥与其他固体废弃物协同处理的优点。

核心概念

沼气，甲烷，厌氧消化。

学习计划

学习阶段	章节	原著参考文献	自我评估练习
第一阶段	10.1—10.4	[10.1]	S.A. 10.1
第二阶段	10.5—10.6	[10.2]	S.A. 10.2

原著参考文献

[10.1] Bolzonella D., Pavan P., Battistoni P. and Cecchi F. (2005). Mesophilic anaerobic digestion of waste activated sludge: influence of the solid retention time in the wastewater treatment process. *Process Biochemistry*, **40**(3–4), 1453–1460.

[10.2] Bodík, I. and Kubaská, M. (2013). Energy and sustainability of operation of a wastewater treatment plant. *Environment Protection Engineering*, **39**(2), 15–24.

自我评估练习

S.A. 10.1

初沉污泥和生物污泥的预期沼气产率是多少？

S.A. 10.2

对于某个典型的污水处理厂来说，在对污泥或污泥与其他固体废弃物进行协同处理的厌氧消化过程中可以回收多少能量？

自我评估练习答案

S.A. 10.1

详见本书第 119 ～ 120 页。

S.A. 10.2

详见本书第 120 ～ 124 页。

第 11 章 污水处理高级氧化工艺

学习目标

本章介绍了污水处理中的高级氧化工艺,重点包括水基质、有机负荷、过程耦合、提升工艺性能的催化材料。

预期学习效果

通过本章的学习,读者应该掌握以下内容:
- 水和污水处理系统在标准工况和实际工况中的不同;
- 需要结合两个或多个过程来提高污水处理的效能;
- 了解高级氧化工艺的协同作用,量化的意义和方法,发展现状和未来趋势。

核心概念

高级氧化工艺,污水,水基质,协同作用,过程耦合,修复,消毒,新材料,可再生能源。

学习计划

请按照下面的计划进行学习。

学习阶段	章节	原著参考文献	自我评估练习或课后活动
第一部分	11.1	[11.1]	S.A. 11.1
第二部分	11.2	[11.2]	S.A. 11.2
第三部分	11.3,11.4	[11.3]	S.A. 11.2

原著参考文献

[11.1] Miklos D. B., Remy C., Jekel M., Linden K. G., Drewes J. E. and Hübner U. (2018). Evaluation of advanced oxidation processes for water and wastewater treatment – A critical review. *Water Research*, **139**, 118–131.

[11.2] Oturan M. A. and Aaron J. J. (2014). Advanced oxidation processes in water/wastewater treatment: principles and applications. A review. *Critical Reviews in Environmental Science and Technology*, **44**(23), 2577–2641.

[11.3] Comninellis C., Kapalka A., Malato S., Parsons S. A., Poulios, I. and Mantzavinos D. (2008). Advanced oxidation processes for water treatment: advances and trends for R&D. *Journal of Chemical Technology & Biotechnology: International Research in Process, Environmental & Clean Technology*, **83**(6), 769–776.

自我评估练习

S.A. 11.1

（1）湿式空气氧化、光催化和臭氧的氧化通常在大气条件下进行。
（a）对　　　　　　　　　　（b）错

（2）湿式空气氧化过程由于需要高温条件，因此成本较高。
（a）对　　　　　　　　　　（b）错

（3）溶解在水中的臭氧比空气中的臭氧更稳定。
（a）对　　　　　　　　　　（b）错

（4）臭氧分解可理解为臭氧与有机物直接发生反应，而且主要发生在碱性环境中。
（a）对　　　　　　　　　　（b）错

（5）紫外线辐射（UV-A）、臭氧和氯都是消毒剂。
（a）对　　　　　　　　　　（b）错

（6）在波长为 200～500 nm 的紫外线照射下，过氧化氢的光解会产生羟基自由基。
（a）对　　　　　　　　　　（b）错

（7）酸性环境更利于发生芬顿反应。
（a）对　　　　　　　　　　（b）错

S.A. 11.2

对于污水（A–D），有机负荷浓度如下：

	A	B	C	D
BOD, 10^{-6}	2600	8000	4600	800
COD, 10^{-6}	4200	18 000	4100	1200
TOC, 10^{-6}	1400	6700	1700	450

按照适当的标准，根据生物降解性的顺序对 4 种污水进行分类。

对于生物可降解性较差的污水，建议在大气压力和温度条件下使用臭氧进行部分处理，以去除有毒物质，或者在 200 ℃ 和 0.4 MPa 总压力下，通过催化湿式空气氧化法进行完全处理。在这两种情况下，处理均在间歇反应器中进行，氧化剂过量，有机物浓度随反应时间逐渐降低。附图 5 定性地显示了两种情况下 TOC 和 COD 的浓度随时间变化的情况。

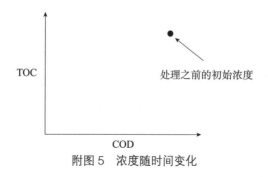

附图 5　浓度随时间变化

课后活动

访问更多网站以获得大规模太阳能光催化处理水和污水的方法。

自我评估练习答案

S.A. 11.1

（1）(b)；（2）(b)；（3）(b)；（4）(b)；（5）(b)；（6）(b)；（7）(a)。

S.A. 11.2

生物降解性随 BOD/COD 或 BOD/TOC 比率的增加而增加。通用标准是第一速率，在这种情况下，顺序是 C＞D＞A＞B。

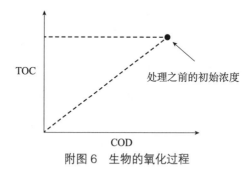

附图 6　生物的氧化过程

附图 6 中，水平线表示理想条件下的部分氧化（臭氧处理），可以看出，COD 降低，TOC 保持稳定。对角线表示理想条件下的完全氧化（例如，通过湿式氧化），其中两个参数（COD 和 TOC）成比例减少。在实际情况下，无论是部分氧化还是完全氧化，TOC 和 COD 的值都在图的三角形区域内。

第12章 污水再利用和生物固体应用导致的有机微污染物

学习目标

本章旨在介绍污水处理厂中检测到的有机微污染物，在污水和生物固体再利用中的反应过程，以及带来的环境风险。了解这些信息非常重要，可以帮助各个国家制定有关保护水生和陆地环境的法律法规。

预期学习效果

通过本章的学习，读者应该掌握以下内容：
- 了解污水处理厂中检测到的有机微污染物的基本类别；
- 了解决定这些物质在水生和陆地环境中转化的主要机制；
- 了解环境中存在的有机微污染物的潜在环境危害，以及现有的有机微污染物在污水和生物固体相关监管框架中的管理要求。

核心概念

有机微污染物，首要污染物，新型污染物，归宿，生物降解，非生物降解，水解，光降解，吸附，挥发，急性和慢性毒性，生物累积，风险评估，监管框架。

学习计划

首先，了解从首要污染物和新兴污染物中分离出来的微量污染物（见第12.1节）。其次，了解污水处理厂中的微污染物，注意不同种类的检测物质和检测浓度范围（见12.2节）。然后，了解微污染物在水生和陆地环境中的转化机制和归宿（见12.3节）。最后，了解微污染物的生态毒性和现有监管框架的相关信息（见12.4和12.5节）。

除了学习本章内容，还可以从下面提供的原著参考文献中了解更多关于这些物质的存在、转化和影响的信息。这些是发表在国际科学期刊上的文章。其中一些提供了有关希腊的污水处理厂和环境治理方面的信息。原著参考文献还提供了与本章主题相关的欧洲和其他国家立法的信息。

按照以下学习计划学习并完成自我评估练习和课后活动。

学习阶段	章节	原著参考文献	自我评估练习或课后活动
第一部分	12.1，12.2	[12.1]，[12.2]	S.A. 12.1
第二部分	12.3	[12.3]，指令 2013/39/EU，[12.6]	S.A. 12.2，Act. 12.1
第三部分	12.4, 12.5	[12.4]，[12.5]，部长级法规 145116/2011，[12.7]	S.A. 12.2，Act. 12.2

原著参考文献

欧盟污泥再利用实践的信息详见 [12.1]，菲西塔宁（Psytallia）污水处理厂中微污染物的浓度水平和去除过程数据详见 [12.2]。

[12.1] Kelessidis A. and Stasinakis A. S. (2012). Comparative study of the methods used for treatment and final disposal of sewage sludge in European countries. *Waste Management*, **32**(6), 1186–1195.

[12.2] Stasinakis A. S., Thomaidis N. S., Arvaniti O. S., Asimakopoulos A. G., Samaras V. G., Ajibola A., Mamais D. and Lekkas T. D. (2013). Contribution of primary and secondary treatment on the removal of benzothiazoles, benzotriazoles, endocrine disruptors, pharmaceuticals and perfluorinated compounds in a sewage treatment plant. *Science of the Total Environment*, **463**, 1067–1075.

有关影响环境中有机微污染物转化机制和归宿的更多信息详见 [12.3]。

[12.3] Gavrilescu M. (2005). Fate of pesticides in the environment and its bioremediation. *Engineering in Life Sciences*, **5**, 497–526.

希腊水生和陆地环境中微污染物存在的潜在风险数据详见 [12.4] 和 [12.5]。

[12.4] Thomaidi V. S., Stasinakis A. S., Borova V. L. and Thomaidis N. S. (2015). Is there a risk for the aquatic environment due to the existence of emerging organic contaminants in treated domestic wastewater? Greece as a case-study. *Journal of Hazardous Materials*, **283**, 740–747.

[12.5] Thomaidi V. S., Stasinakis A. S., Borova V. L. and Thomaidis N. S. (2016). Assessing the risk associated with the presence of emerging organic contaminants in sludge-amended soil: A country-level analysis. *Science of the Total Environment*, **548**, 280–288.

对于被欧盟定性为水生环境首要污染物的有机微污染物，请参考指令 2013/39/EU。

[11.6] European Parliament and the Council (2103, August 12). (2013/39/EU) Directives 2000/60/EC and 2008/105/EC as regards priority substances in the field of water policy. *European Commission (EC)*.

希腊对于处理过的污水再利用和需监测的有机微污染物的要求见 [12.7]。

[12.7] Hellenic Republic, Ministry of Environment, Energy and Climate Change (2011, March 8). Ministerial Decision, 145116/2011, Determination of measures, conditions and procedures for the re-use of treated wastewater. *Official Gazette of the Government of the Hellenic Republic*.

自我评估练习

S.A. 12.1

米蒂利尼市的污水处理厂运用的工艺为：使用活性污泥系统对污水进行生物处理，并使用压滤机对污泥进行脱水。在污水原水、污水厂尾水和脱水污泥的样本中，有机微污染物三氯生（Triclosan, TCS）的浓度见附表 1。

附表 1　有机微污染物三氯生的浓度

污水处理量，Q_{inf} (m³/d)	10 000
剩余污泥产量，Q_{eff} (m³/d)	100
脱水污泥产量，$M_{dew.sludge}$ (kg/d)	2000
污水原水中的 TCS，C_{inf} (μg/L)	3.0
污水厂尾水中的 TCS，C_{eff} (μg/L)	0.8
脱水污泥中的 TCS，$C_{dew.sludge}$ (mg/kg)	1.6
生物转化的 TCS 质量，$W_{biotransformed}$ (μg/d)	—

附表 1 还提供了每日污水处理量和污水处理厂污泥产生量的数据。

思考能帮助污水处理厂去除 TCS 的方法，即吸附到污泥中，使得活性污泥中微生物进行生物转化。

运用以下公式对污水处理厂的质量平衡进行计算，分析被调查物质在污水处理厂排海尾水中的百分比、在脱水污泥中的百分比和在生物反应器中通过生物转化减少的百分比。

$$(Q_{inf} \times C_{inf}) = (Q_{eff} \times C_{eff}) + (M_{dew.sludge} \times C_{dew.sludge}) + (W_{biotransformed})$$

S.A. 12.2

使用附表 2 的数据，计算埃夫罗斯河和塞雷北希腊河中的三氯生（TCS）和壬基酚（Nonylphenol, NP）的风险系数（Risk Quotients, RQ），并讨论水生环境中这些物质是否存在潜在危险。

附表 2　各河流中微污染物指标

埃夫罗斯河（Evros）中最大 TCS 浓度，MEC（μg/L）	0.02
克拉马斯河（Evros）中最大 TCS 浓度，MEC（μg/L）	0.2
埃夫罗斯河（Evros）中最大 NP 浓度，MEC（μg/L）	0.08
克拉马斯河（Kalamas）中最大 NP 浓度，MEC（μg/L）	0.8
50% 的 TCS 浓度被微藻代谢降解，EC50（μg/L）	1.4
50% 的 NP 浓度被微藻代谢降解，EC50（μg/L）	200

$$RQ = MEC/PNEC$$
$$PNEC = EC50/1000$$

课后活动

Act.12.1

学习欧盟指令 2013/39/EU，讨论欧洲水环境中有机微污染物的监测（监测的有机微污染物种类、限值、采样频率）。注意定期关注相关指令中受监测物质清单的更新情况。

Act.12.2

学习部长级法规 145116/2011，该法规提出了希腊在污水再利用方面的要求，并介绍了再生水中有机微污染物的监测（监测的有机微污染物种类和分类、采样频率、待监测的污水处理厂类型）。将法规中壬基酚（NP）的限值与希腊的规定值进行比较，并讨论是否会超过该法规的限值。

自我评估练习答案

S.A. 12.1

使用自我评估练习中给出的质量平衡公式进行计算，污水原水中 TCS 的质量等于 30 000mg/d，污水厂尾水中 TCS 的质量等于 7920mg/d，脱水污泥中 TCS 的质量等于 3200mg/d，通过生物转化降解 TCS 的质量为 18 880mg/d。

根据这些数据，目前正在调查的物质通过污水处理厂尾水排海的百分比为 26.4%，存在于脱水污泥的百分比为 10.6%，在生物反应器中通过生物转化物降解的百分比为 62.9%。

S.A. 12.2

使用附表 2 中的数据求解方程，得到的结果如下：

埃夫罗斯河中的 TCS，RQ 值等于 14.2（＞1）；

克拉马斯河中的 TCS，RQ 值等于 143（＞1）；

埃夫罗斯河中的 NP，RQ 值等于 0.4（＜1）；

克拉马斯河中的 NP，RQ 值等于（4＞1）。

RQ 值大于 1 表示水生环境中存在特定微污染物的潜在风险。建议：深入研究两条河流中 TCS 的存在及其生态毒性；进一步研究克拉马斯河中 NP 的存在。

课后活动参考答案

Act.12.1

欧盟指令 2013/39/EU 介绍了欧盟国家如何监测地表水中的首要污染物。此外，定义了每种物质和每种受体的限值，并规定了取样频率和可接受的分析方法。

Act.12.2

在第 145116/2011 号部长级法规中，列出了希腊污水处理厂必须监测的有机微污染物。这些物质主要是杀虫剂和挥发性有机化合物。这个物质清单还包含壬基酚（NP）。注意，法规中还有关于应监测有机微污染物情况的污水处理厂规模的规定。

为了将 NP 的立法限值与希腊检测到的物质浓度进行比较，请在斯高帕斯数据库（Scopus）搜索关键词 nonylphenol, wastewater, Greece。同时阅读原著参考文献 [12.4]。

第13章 决策支持系统在污水和生物固体安全再利用中的应用

学习目标

处理过的污水和污泥（也被称为生物固体）的最终处置或再利用，是许多国家密切关注的问题。在大多数情况下，经过二级处理的污水通常会排放到地表水环境中，并可能导致水体富营养化问题。由此可见，污水处理厂的尾水排放给环境带来了巨大压力。

从有益的角度看，在许多情况下，处理过的污水和生物固体可以有效地应用于农业，因为它们能灌溉水源、为提供植物养分和有机物，所有这些都是作物生长的有用成分。特别是对于气候干燥的国家，大部分时间面临缺水问题，污水回用是一个至关重要的解决方案。

值得注意的是，污水和生物固体在农业中的安全再利用问题非常复杂。为了作出安全稳妥的决策，需要对大量的参数进行评估。分析多输入变量并作出决策是一项复杂的任务，需要进行精细而耗时的计算。决策支持系统（DSS）等专门的计算机软件利用现代信息技术，将智能软件算法和计算机能力与人类知识相结合，可以成为农业应用中污水和生物固体再利用的强大、有用和颠覆性的解决方案。

预期学习效果

通过本章的学习，读者应该对 DSS 在再生水和生物固体的资源化利用方面的优势有一个全面的了解，并且掌握以下内容：

- 了解 DSS 在有效处理多变量输入和为农业中的安全和最佳再利用方面提供决策建议所能起到的作用；
- 测试并熟悉可持续废弃物管理实验室提供的 DSS 的基本功能；
- 解释前文所述 DSS 相关报告结果。

学习阶段	章节	原著参考文献	自我评估练习或课后活动
第一部分	13.1，13.2	[13.2], [13.3], [13.5], [13.9]	—
第二部分	13.3，13.4	[13.8]	Act. 13.1，Act. 13.2

核心概念

污水再利用，生物固体再利用，农业应用，灌溉，合理施肥，决策支持系统，DSS，现代软件应用。

学习计划

本章介绍了 DSS 在农业中开展污水和生物固体利用管理的重要性和贡献。每项学习活动附带一份有针对性的原著参考文献。

- DSS 在农业中安全高效的污水和生物固体再利用方面的介绍和优势，学习原著参考文献 [13.1] 和 [13.2]。
- DSS 的测试和评估及其计算结果的解释，学习原著参考文献 [13.3] 和 [13.4]。

如果想了解更多内容，读者可以通过互联网在 HOU 提供的数据库中搜索相关信息。

原著参考文献

[13.1] Almeida G., Vieira J., Marques A. S., Kiperstok A. and Cardoso A. (2013). Estimating the potential water reuse based on fuzzy reasoning. *Journal of Environmental Management*, **12**, 883–892.

[13.2] Car N. J. (2018). USING decision models to enable better irrigation Decision Support Systems. *Computers and Electronics in Agriculture*, **152**, 290–301.

[13.3] Dumitrescu A. and Chitescu R. (2015). *The role of decision support systems (dss) in the optimization of public sector management.*

[13.4] Hamouda M., Anderson W. and Huck P. (2009). Decision support systems in water and wastewater treatment process selection and design: A review. *Water Science and Technology: A Journal of the International Association on Water Pollution Research*, **60**, 1757–1770.

[13.5] Hidalgo D., Irusta R., Martinez L., Fatta D. and Papadopoulos A. (2007). Development of a multi-function software decision support tool for the promotion of the safe reuse of treated urban wastewater. *Desalination*, **215**(1–3), 90–103.

[13.6] Karlsson H., Ahlgren S., Sandgren M., Passoth V., Wallberg O. and Hansson P.-A. (2016). A systems analysis of biodiesel production from wheat straw using oleaginous yeast: Process design, mass and energy balances. *Biotechnology for Biofuels*, **9**(1), 229.

[13.7] Khadra R. and Lamaddalena N. (2010). Development of a decision support system for irrigation systems analysis. *Water Resources Management* **24**, 3279–3297.

[13.8] Koukoulakis P., Kyritsis S. and Kalavrouziotis I. (2019). *Decision Support System for Wastewater and Biosolids Reuse in Agricultural Applications.* Hellenic Open University.

[13.9] Oertlé E., Hugi C., Wintgens T. and Karavitis C. A. (2019). Poseidon—Decision Support Tool for Water Reuse. *Water*, **11**(1), 153.

[13.10] Jayasuriya H., Al-Busaidi A. and Ahmed M. (2018). Development of a decision support system for precision management of conjunctive use of treated wastewater for irrigation in Oman. *Journal of Agricultural and Marine Sciences [JAMS]*, **22**(1), 58.

[13.11] Rose D. C., Sutherland W. J., Parker C., Lobley M., Winter M., Morris C., Twining S., Ffoulkes C., Amano T. and Dicks L. V. (2016). Decision support tools for agriculture: Towards effective design and delivery. *Agricultural Systems*, **149**, 165–174.

[13.12] Rupnik R., Kukar M., Vračar P., Košir D., Pevec D. and Bosnić Z. (2019). AgroDSS: A decision support system for agriculture and farming. *Computers and Electronics in Agriculture*, **161**, 260–271.

[13.13] WHO (2006). Wastewater Use in Agriculture, 3rd edn. World Health Organization, Geneva, Switzerland.

课后活动

Act.13.1

完成第13章的学习后，进行以下练习：

（1）观察污染指数如何随着污水中重金属浓度的升高而增加；

（2）观察在高养分输入示例中，建议的营养剂量非常低，建议的肥料量也很少，与低养分输入示例中的建议相比，后者是否更高。

如果DSS检测到高酸性土壤，则会显示相关信息，并建议使用$CaCO_3$或CaO将pH值提高到所需值。

Act.13.2

选择一个同时进行污水和生物固体应用的例子，观察建议的营养剂量和肥料量在3种不同的废弃物应用模式（仅污水、仅生物固体、污水和生物固体同时使用）中的变化。

后 记

《污水及污泥管理（第 2 版）》新增了约 40% 的内容，包括配套学习指南和新增章节"决策支持系统在污水和生物固体安全再利用中的应用"。学习指南包括各章标题、学习目标、预期学习效果、核心概念、学习计划、原著参考文献及自我评估练习。

本书涵盖了当下已经存在或未来可能存在的污水及污泥管理问题，从理论和实践两方面探讨了污水回用的问题，以提高读者对污水回用及其在农业生产中应用的认识水平。本书旨在介绍基于早期文献和最新研究成果的现代污水回用管理，为相关研究人员、学生、学者和专业人士提供一定的参考。

阿尼斯·卡拉夫鲁齐奥蒂斯（Ioannis K. Kalavrouziotis）